DK 621.61

FORSCHUNGSBERICHTE
DES WIRTSCHAFTS- UND VERKEHRSMINISTERIUMS
NORDRHEIN-WESTFALEN

Herausgegeben von Staatssekretär Prof. Dr. h. c. Dr. E. h. Leo Brandt

Nr. 605

Ing. Leonhard Bommes

Im Auftrage der Firma Paul Pollrich & Comp., M.-Gladbach

Bestimmung von Leistung und Wirkungsgrad eines Ventilators

Als Manuskript gedruckt

WESTDEUTSCHER VERLAG / KÖLN UND OPLADEN

1958

ISBN 978-3-663-03559-6   ISBN 978-3-663-04748-3 (eBook)
DOI 10.1007/978-3-663-04748-3

Forschungsberichte des Wirtschafts- und Verkehrsministeriums Nordrhein-Westfalen

Gliederung

I. Begriffsbestimmungen . . . . S. 6
   1. Nutzleistung . . . . S. 6
   2. Wellenleistung . . . . S. 22
   3. Der Wirkungsgrad . . . . S. 27

II. Fehlerbestimmung . . . . S. 28
   Fehler bei der Bestimmung der Nutzleistung . . . . S. 31
   Fehler bei der Bestimmung der Wellenleistung . . . . . . S. 43

III. Schlußbemerkungen . . . . S. 44

Forschungsberichte des Wirtschafts- und Verkehrsministeriums Nordrhein-Westfalen

Vorwort

Die letzten Jahre brachten erhebliche Fortschritte im Ventilatorenbau. Diese wurden nicht zuletzt dadurch erreicht, daß die Meßverfahren immer mehr verbessert wurden. Aber nicht nur die Meßmethoden mußten verfeinert werden, sondern es wurde auch notwendig, die Begriffe "Nutzleistung, Wellenleistung und Wirkungsgrad" schärfer zu definieren. In den bisherigen Regeln für Leistungsversuche an Ventilatoren sind diese Begriffe nicht immer exakt erklärt. Die Regeln für Leistungsversuche an Verdichtern hingegen sind viel zu sehr auf die Eigenheiten der Kompressoren zugeschnitten, so daß sie in vielen Fällen für den Ventilator unbrauchbar sind.

Im ersten Abschnitt sind die Begriffe "Volumenstrom, Gasamtdruckerhöhung, Nutzleistung, Wellenleistung" beschrieben, wobei auf die rechnerische Ermittlung des Gesamtdruckes besonderer Wert gelegt wurde. Soweit möglich, wurden einwandfreie Meßverfahren, die sich seit Jahren in der Praxis bewährt haben, mit zur Erläuterung herangezogen.

Der zweite Abschnitt enthält eine Zusammenstellung der wichtigsten Fehler, die bei Versuchen gemacht werden können, und Hinweise, wie man sie weitgehend vermeiden kann [1] [2] [3] [4].

Fast bei jedem Ventilatorenhersteller sind andere Meßmethoden gebräuchlich. Daß diese Verfahren nicht immer richtig sind, wundert den Fachmann nicht, der die Vielzahl der Probleme bei Abnahmeversuchen an Ventilatoren kennt.

---

1. Die vorliegende Studie entstand auf Grund jahrelanger Erfahrungen bei der Forschungsabteilung der Firma Pollrich & Co., M.Gladbach. H. LAAKSO, Leverkusen, hat als zuständiger Sachbearbeiter für die Auswahl und Abnahme von Ventilatoren die Arbeiten wesentlich gefördert, desgleichen H. KOEPSEL, Rheydt, wofür ihnen an dieser Stelle gedankt sei

2. Da in den Beispielen ausschließlich Radialventilatoren angeführt sind, sei noch besonders darauf hingewiesen, daß Gleiches auch für Axialventilatoren gilt

3. Auszüge aus dieser Arbeit sind in ECK, B.: Ventilatoren, 3. Aufl. 1957, Berlin/Göttingen/Heidelberg, Springer-Verlag, veröffentlicht

4. Die vollständige Arbeit ist in der Zeitschrift "Heizung-Lüftung-Haustechnik", Bd. 8 (1957) Nr. 12, mit Genehmigung des Wirtschaftsministeriums veröffentlicht

I. Begriffsbestimmungen

1. Die Nutzleistung

Die Nutzleistung eines Ventilators ist

$$L_n = G \cdot H \tag{1}$$

G ist der Gewichtsstrom in kg/s und H die Förderhöhe in m. Im folgenden soll näher auf das geförderte Gasgewicht G und auf die Förderhöhe H eingegangen werden.

Bestimmung des Gewichtsstroms

Der Gewichtsstrom G wird mit Normdüsen oder Normblenden, kurz Drosselgeräte genannt, gemessen. Diese können als Einlauf-, Durchfluß- oder Auslaufgeräte an der Meßstrecke angeordnet werden, wie die Abbildungen 1 bis 3, zeigen. Δp_D bedeutet den Wirkdruck am Drosselgerät.

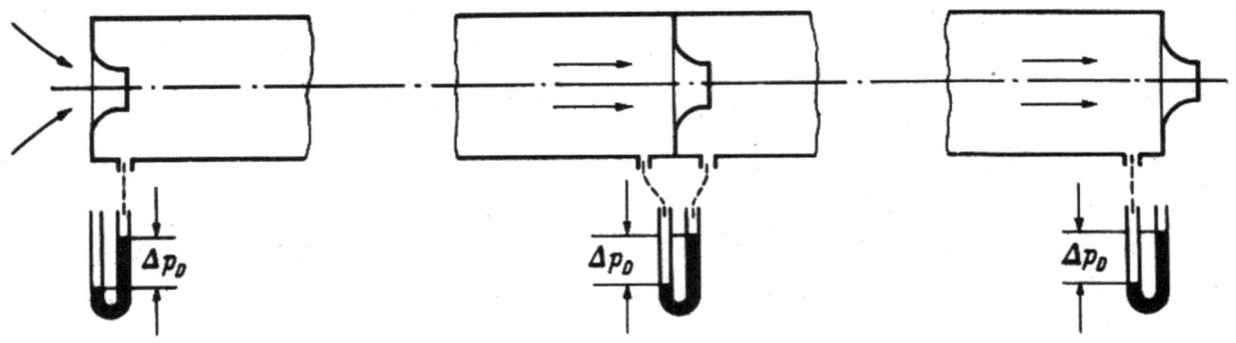

Düse im Einlauf　　　Düse im Durchfluß　　　Düse im Auslauf

A b b i l d u n g   1 bis 3

Möglichkeiten der Düsenanordnung in einer Meßstrecke

Eine nähere Beschreibung der Durchflußmessung erübrigt sich, weil das ganze Meßverfahren von strömenden Gasen mit allen Einzelheiten in den

VDI-Durchflußmeßregeln DIN 1952

genau beschrieben ist.

Allgemein erhält man das Gewicht des Gasstroms nach folgender Formel

$$G = \alpha \varepsilon F \sqrt{2g} \sqrt{\gamma_D} \sqrt{\Delta P_D} \tag{2}$$

Hierin bedeuten:

α Düsenbeiwert
ε Expansionszahl
F   freier Düsen- oder Blendenquerschnitt in m^2
γ_D spez. Gewicht des zu messenden Gasstroms vor dem Drosselgerät in kg/m^3

g   Erdbeschleunigung in m/s^2
Δp_D Wirkdruck in kg/m^2

Neuerdings rechnet man gern mit dem Volumenstrom V (m^3/s), der sich aus dem Gewichtsstrom wie folgt berechnet: $V = G/\gamma$; hierin ist γ das spez. Gewicht des Gases an der Stelle des Netzes, an der man die Größe des Volumenstroms kennen will.

Bestimmung der Förderhöhe

a) Gesamtdruckdifferenz < 100 kg/m^2

Das Gas kann wie eine inkompressible Flüssigkeit behandelt werden.

Die Förderhöhe ist dann

$$H = \frac{\Delta p_g}{\gamma_1} \tag{3}$$

Hierbei bedeuten Δp_g die Gesamtdruckdifferenz des Ventilators zwischen Eintritt und Austritt und γ_1 das spezifische Gewicht des Gases im Eintritt.

b) Gesamtdruckdifferenz > 100 kg/m^2

Hier muß man mit der Kompressibilität des Gases rechnen, um Fehler bei der Berechnung der Förderhöhe auszuschalten.

Nach der bekannten Formel der Thermodynamik gilt für die adiabatische Zustandsänderung

$$H = \frac{\varkappa}{\varkappa - 1} RT_1 \left[\left(\frac{p_2}{p_1} \right)^{\frac{\varkappa - 1}{\varkappa}} - 1 \right] \tag{4}$$

Setzt man für $RT_1 = \frac{p_1}{\gamma_1}$ und $\frac{\varkappa - 1}{\varkappa} = n$, so erhält man

$$H = \frac{1}{n} \frac{p_1}{\gamma_1} \left[\left(\frac{p_2}{p_1} \right)^n - 1 \right] \tag{5}$$

Der absolute Gesamtdruck p_2 im Austritt ist aber auch gleich $p_1 + \Delta p_g$, wobei p_1 der absolute Gesamtdruck im Eintritt ist.

Für Gl. (5) kann man dann schreiben

$$H = \frac{1}{n} \frac{p_1}{\gamma_1} \left[\left(1 + \frac{\Delta p_g}{p_1}\right)^n - 1 \right] \qquad (6)$$

Bezeichnet man das Druckverhältnis $\frac{\Delta p_g}{p_1}$ mit δ, so gilt

$$H = \frac{1}{n} \frac{p_1}{\gamma_1} \left[(1+\delta)^n - 1 \right] \qquad (7)$$

Die Reihenentwicklung von $(1 + \delta)^n$ ergibt

$$(1+\delta)^n = 1 + \binom{n}{1}\delta + \binom{n}{2}\delta^2 + \binom{n}{3}\delta^3 + \ldots$$

$$= 1 + n\delta + \frac{n(n-1)}{2}\delta^2 + \frac{n(n-1)(n-2)}{6}\delta^3 + \ldots \qquad (8)$$

Praktisch tritt kein Fehler auf, wenn die vorliegende Reihe nach dem 3. Gliede abgebrochen wird. Setzt man Gl. (8) in Gl. (7) ein, so erhält man nach einigen Umformungen

$$H = \frac{\Delta p_g}{\gamma_1} \left[1 + \frac{n-1}{2}\delta + \frac{(n-1)(n-2)}{6}\delta^2 + \ldots \right] \qquad (9)$$

Für 2atomige Gase (und Luft) ist $\varkappa = 1{,}4$ und damit $n = \frac{1}{3{,}5}$. Diesen Wert in Gl. (9) eingesetzt, ergibt

$$H = \frac{\Delta p_g}{\gamma_1} \left[1 - \frac{\delta}{2{,}8} + \frac{\delta^2}{4{,}9} - + \ldots \right] \qquad (10)$$

Bezeichnet man den Klammerausdruck von Gl. (10) mit $(1 - f)$, dann ist

$$H = \frac{\Delta p_g}{\gamma_1} (1 - f) \qquad (11)$$

Gl. (11) unterscheidet sich von Gl. (3) nur um den dimensionslosen Faktor (1 - f); der Faktor (1 - f) berücksichtigt somit den Einfluß der Kompressibilität. In Abbildung 4 ist (1 - f) als Näherungsfunktion von $\delta = \Delta p_g / p_1$ aufgetragen.

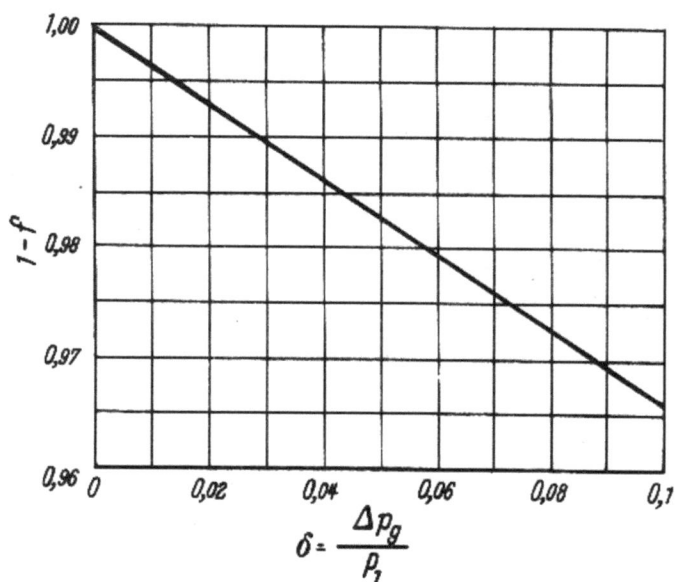

Abbildung 4

Minderleistung (1-f) (Einfluß der Kompressibilität) abhängig vom Druckverhältnis $\delta = \Delta p_g / p_1$

Gesamtdruckdifferenz bzw. Gesamtdruckerhöhung

Aus Gl. (3) und (11) geht hervor, daß es in erster Linie auf die Gesamtdruckerhöhung Δp_g des Ventilators ankommt. Diese setzt sich zusammen aus der statischen Druckerhöhung Δp_{st} und der dynamischen Druckdifferenz Δp_D. Der statische Anteil weicht oft sehr stark von der gesamten Druckdifferenz des Ventilators ab und kann größer, gleich oder kleiner sein; das hängt ganz von der Konstruktion des Ventilators ab, d.h. von den Geschwindigkeiten w im Eintritt oder Austritt, aus denen sich der entsprechende dynamische Druck $p_d = \rho/2\ w^2$ berechnet, wobei ρ die Gasdichte in kgs^2/m^4 ist. Jedenfalls ist es nicht zulässig, daß man die Verhältnisse der Kreiselpumpen oder Turbokompressoren einfach auf den Ventilator überträgt.

Bei jenen kann man oft die dynamischen Drücke einfach vernachlässigen, und es genügt dann, für die Gesamtdruckerhöhung die statische Druckerhöhung einzusetzen. Daher hat es sich in der Praxis eingebürgert, auch unter den Netzwiderständen, hervorgerufen durch Rohrreibung, Krümmer usw., einfach statische Drücke zu verstehen.

Diese Methoden, auf den Ventilator übertragen, haben schon oft Verwirrung gestiftet und nicht selten dazu beigetragen, daß der Ventilator in der Anlage ganz andere Betriebsdaten aufweist als die gewünschten.

Der Ventilator kann nur dort arbeiten, wo sich Gesamtdruckkennlinie und Widerstandsparabel des angeschlossenen Netzes schneiden (Punkt A in Abb. 5). Aus Gründen der Wirtschaftlichkeit ist es wichtig, daß dieser Schnittpunkt in der Nähe des optimalen Wirkungsgrades liegt. Bei einer falschen Gesamtdruckberechnung wird man diesen optimalen Betriebspunkt niemals erreichen.

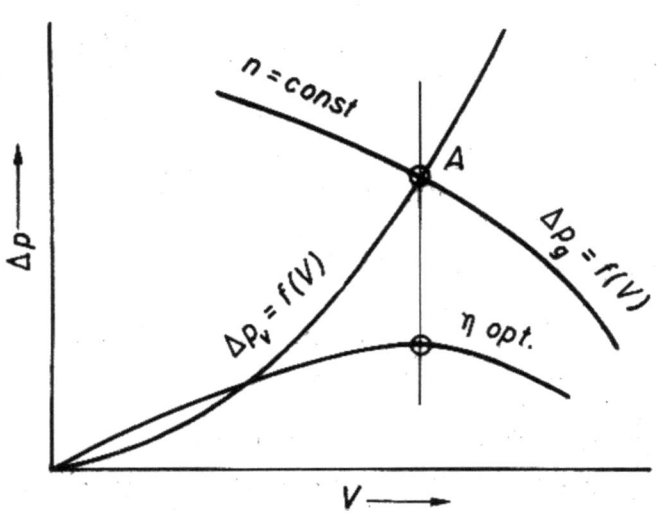

A b b i l d u n g   5

Gesamtdruckkennlinie Δp_g eines Ventilators und Gesamtwiderstand Δp_v des angeschlossenen Netzes; A optimaler Arbeitspunkt

Besonders schlecht wirkt sich eine falsche Gesamtdruckberechnung aus, wenn es sich um Ventilatoren handelt, die bei großen Gasströmen nur kleine Widerstände zu überwinden haben.

An Hand von drei Beispielen soll die Gesamtdruckdifferenz eines Ventilators erläutert werden. Es ist zweckmäßig, diese Erläuterungen mit einwandfrei möglichen Meßmethoden zu verknüpfen und nur Drücke < 100 kg/m^2 zu betrachten, damit das zu lösende Problem nicht zu schwierig wird.

Forschungsberichte des Wirtschafts- und Verkehrsministeriums Nordrhein-Westfalen

Folgende Betriebsfälle können auftreten:

1. nur saugseitiger Betrieb,
2. nur druckseitiger Betrieb,
3. saug- und druckseitiger Betrieb.

Zu 1. nur saugseitiger Betrieb

Der Ventilator arbeitet auf der Saugseite und bläst frei gegen die Atmosphäre aus.

Die in Abbildung 6 unterhalb des Atmosphärendruckes P_o punktierten Flächen stellen die Verluste oder Widerstände des Netzes dar. Man erkennt, daß an einer beliebigen Stelle x der Verlust und damit die Gesamtdruckdifferenz kleiner ist als der statische Unterdruck. Mit Hilfe eines Prandtlschen Staurohres und von U-Rohren läßt sich dies leicht nachweisen (Abb. 7).

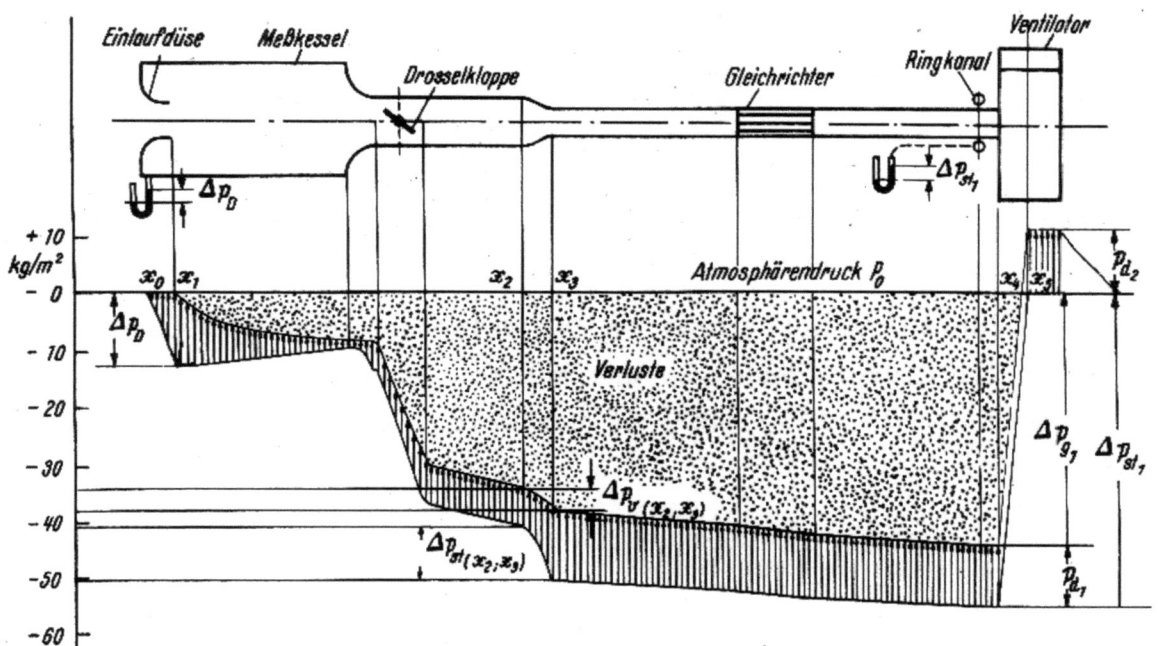

Abbildung 6
Meßschema eines frei ausblasenden Ventilators
mit Druckverlustverteilung

Nach Abbildung 7 gilt

$$\Delta p_g = \Delta p_{st} - p_d \qquad (12)$$

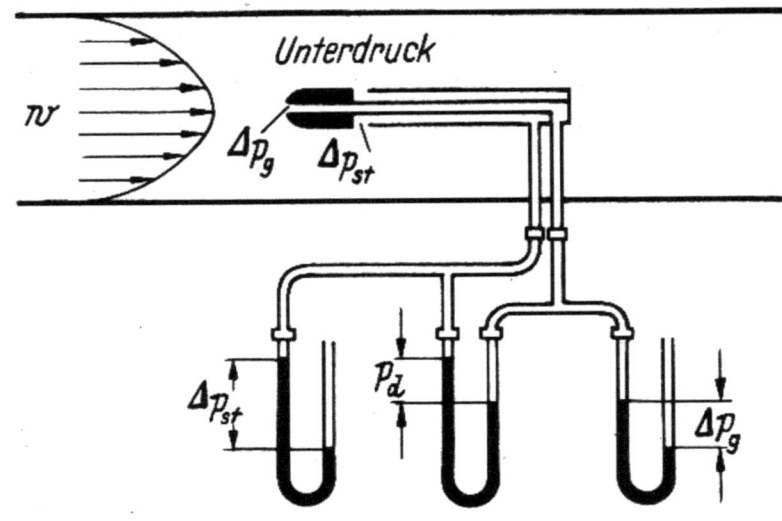

Abbildung 7
Druckmessung mit Staurohr nach Prandtl (Unterdruckgebiet)

Gl. (12) verstößt keineswegs gegen die Gleichung von Bernoulli

$$p_g = p_{st} + p_d \qquad (13)$$

Gl. (13) enthält nämlich nur absolute Drücke, während in Gl. (12) Gesamtdruck und statischer Druck vom Atmosphärendruck aus betrachtet werden und somit relative Größen sind. Dies ist sehr wesentlich!

Wie die Erfahrung lehrt, liegt in der falschen Betrachtungsweise oft der Grund für Mißverständnisse und Fehler. Daher werden in Abbildung 8 die Drücke nach Gl. (12) und (13) nochmals dargestellt und miteinander verglichen.

$$p_g = p_{st} + p_d$$
$$p_o - p_g = (p_o - \Delta p_{st}) + p_d$$
$$\Delta p_g = \Delta p_{st} - p_d$$

Zweckmäßig ist es, alle Differenzdrücke, darunter auch diejenigen, die vom Atmosphärendruck aus betrachtet werden, mit dem Zeichen Δ zu versehen und alle absoluten Drücke ohne dieses Zeichen zu schreiben. Dabei ist zu beachten, daß dynamische Drücke immer nur absolute Drücke sind und in keiner Beziehung zum Atmosphärendruck gemessen werden; dies zeigt Abbildung 7.

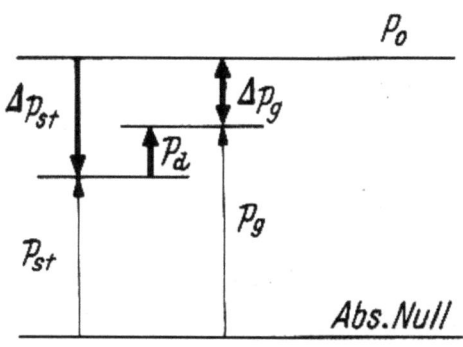

Abbildung 8
Graphische Darstellung der Drücke im Unterdruckgebiet

Wie aus Abbildung 6 weiterhin hervorgeht, setzen sich Leitungswiderstände nur aus relativen Gesamtdrücken zusammen. Sie werden nach der aus der Strömungslehre bekannten Formel

$$\Delta p_v = \sum_{x_0}^{x} \left(\lambda \frac{l}{d} + \zeta\right) \frac{\varrho}{2} w^2 x \tag{14}$$

berechnet.

Betrachten wir die Stelle x_2 (Abb. 6). Hier sollen z.B. die Verluste auf 34 kg/m² angestiegen sein. Der relative Gesamtdruck $\Delta p_g(x_2)$ ist dann ebenfalls 34 kg/m². Der statische Unterdruck $\Delta p_{st}(x_2)$ beträgt jedoch 41 kg/m², wenn der dynamische Druck $p_d(x_2)$ gleich 7 kg/m² ist. Geht man von x_2 nach x_3, dann berechnet sich der auftretende Verlust zu

$$\Delta p_v = \zeta_{(x2)} \cdot \frac{\varrho}{2} w^2_{(x2)} \tag{15}$$

Im Beispiel (Abb. 6) ist Δp_v = 4 kg/m². Dann hat der relative Gesamtdruck an der Stelle x_3 den Betrag von 34 + 4 = 38 kg/m² angenommen. Infolge der Querschnittsverengung, für die die Stetigkeitsbedingung gilt, soll aber der dynamische Druck von 7 auf 13 kg/m² angestiegen sein. Zwangsläufig hat sich damit auch der Unterdruck an der Stelle x_3 von 41 auf 51 kg/m² erhöht. Die statische Druckdifferenz zwischen den Stellen x_2 und x_3 beträgt damit 51 - 41 = 10 kg/m². Diese Differenz ist aber niemals der auftretende Verlust und braucht somit auch nicht vom Ventilator aufgebracht zu werden.

Verluste gehen nur als Gesamtdrücke in die Rechnung ein!

Berechnung der Gesamtdruckerhöhung für saugseitigen Betrieb

In Abbildung 9 sind die Drücke aufgetragen und die Meßstellen (1) und (2) am Ventilator eingezeichnet. Danach ist

$$\begin{aligned}
\Delta p_g &= p_{g_2} - p_{g_2} \\
&= (p_{st_2} + p_{d_2}) - (p_{st_1} + p_{d_1}) \\
&= p_0 + p_{d_2} - (p_0 - \Delta p_{st_1} + p_{d_1}) \\
\Delta p_g &= \Delta p_{st_1} + p_{d_2} - p_{d_1}
\end{aligned} \qquad (16)$$

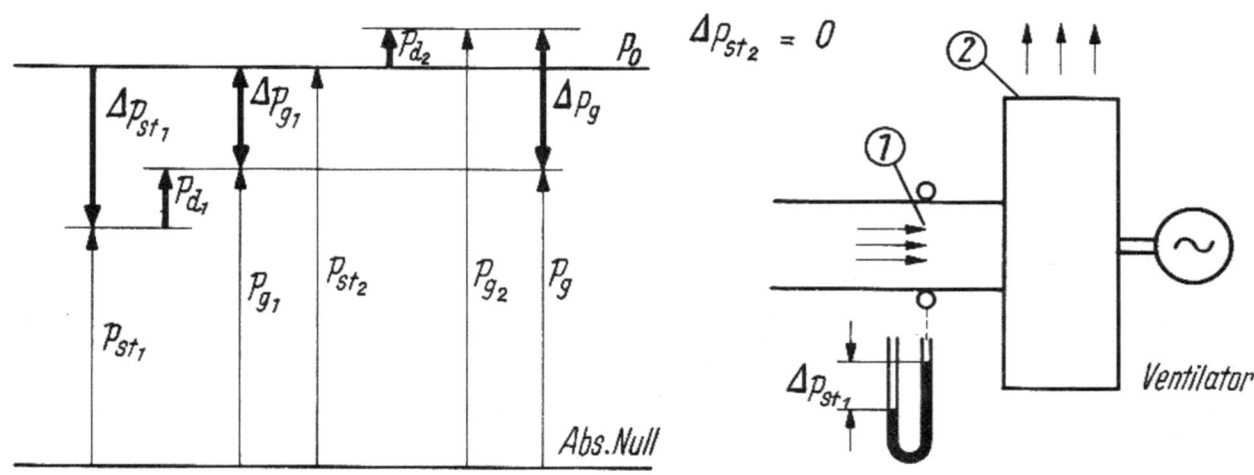

Abbildung 9

Graphische Darstellung der Drücke für saugseitigen Betrieb

Zu 2. nur druckseitiger Betrieb

Der Ventilator hat nur auf der Druckseite Widerstände zu überwinden.

Diesmal stellen die oberhalb des Atnosphärendrucks P_0 punktierten Flächen die Verluste dar (Abb. 10).

Man erkennt sofort den Unterschied gegenüber Abbildung 6. Wichtig ist, daß der dynamische Druck am Ende der Anlage als Verlust einzusetzen ist, weil er gegen den Atmosphärendruck arbeiten muß. Auf diesen Verlust werden dann die anderen Verluste, die nach Gl. (14) berechnet werden,

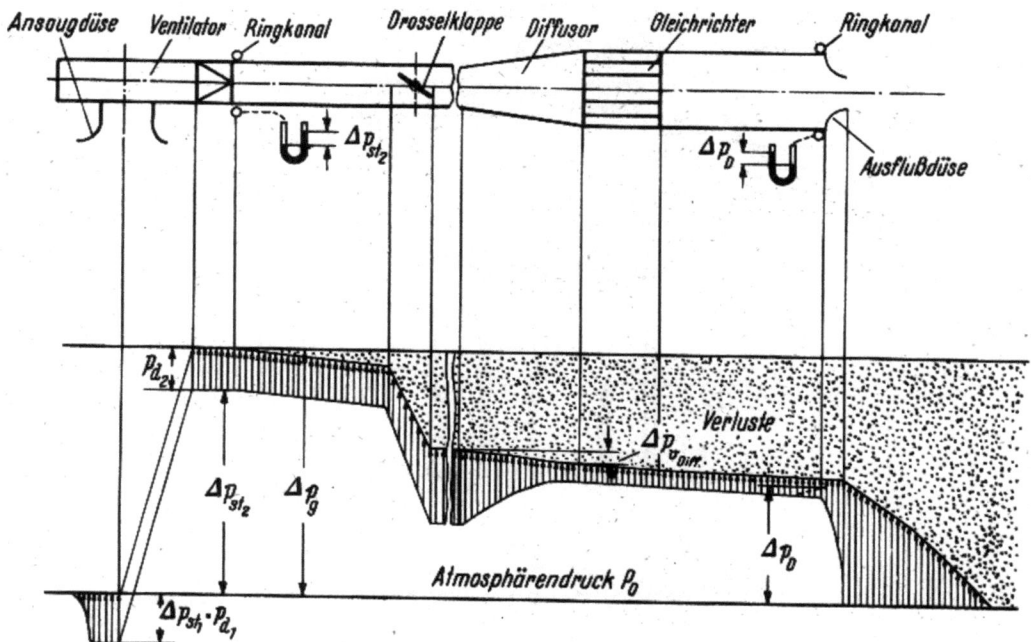

Abbildung 10
Meßschema eines nur druckseitig arbeitenden Ventilators
mit Aufteilung der Druckverluste

zugeschlagen; die Netzverluste sind auch hier relative Gesamtdrücke, nur daß sie in diesem Falle um den dynamischen Druck größer sind als die statischen Überdrücke an einer beliebig betrachteten Stelle. Auch das läßt sich, wie beim saugseitigen Betrieb, leicht mit dem Prandtlschen Staurohr in Verbindung mit U-Rohren nachweisen (Abb. 11).

$$\Delta p_g = \Delta p_{st} + p_d \qquad (17)$$

Gl. (17) deckt sich hierbei direkt mit der Bernoullischen Gleichung, wie in Abbildung 12 gezeigt wird.

$$p_g = p_{st} + p_d$$
$$p_o + \Delta p_g = p_o + \Delta p_{st} + p_d$$
$$\Delta p_g = \Delta p_{st} + p_d$$

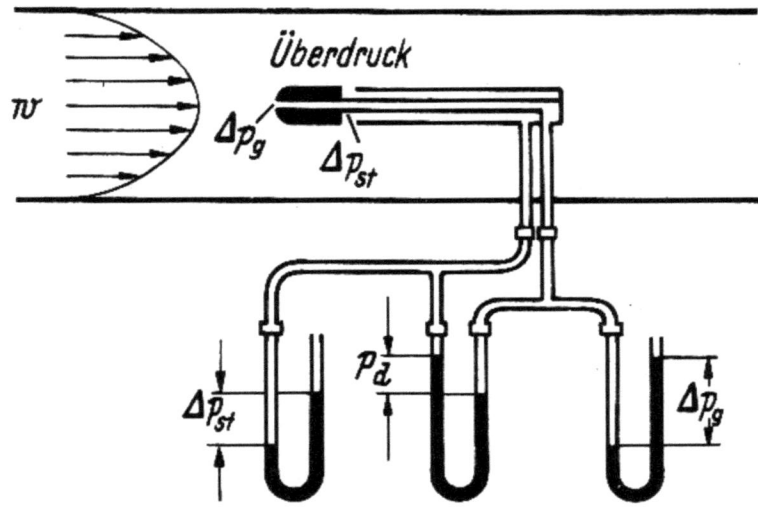

Abbildung 11

Druckmessung mit Staurohr nach Prandtl (Überdruckgebiet)

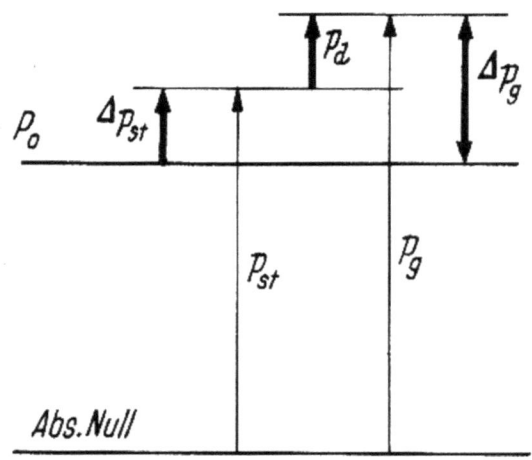

Abbildung 12

Graphische Darstellung der Drücke (Überdruckgebiet)

Berechnung der Gesamtdruckerhöhung für druckseitigen Betrieb

In Abbildung 13 sind die Drücke aufgetragen und die Meßstellen (1) und (2) am Ventilator eingezeichnet. Es gilt

$$\begin{aligned}
\Delta p_g &= p_{g_2} - p_{g_1} \\
&= p_{st_2} + p_{d_2} - (p_{st_1} + p_{d_1}) \\
&= p_0 + \Delta p_{st_2} + p_{d_2} - (p_0 - \Delta p_{st_1} + p_{d_1}) \quad (18) \\
\Delta p_g &= \Delta p_{st_2} + p_{d_2}
\end{aligned}$$

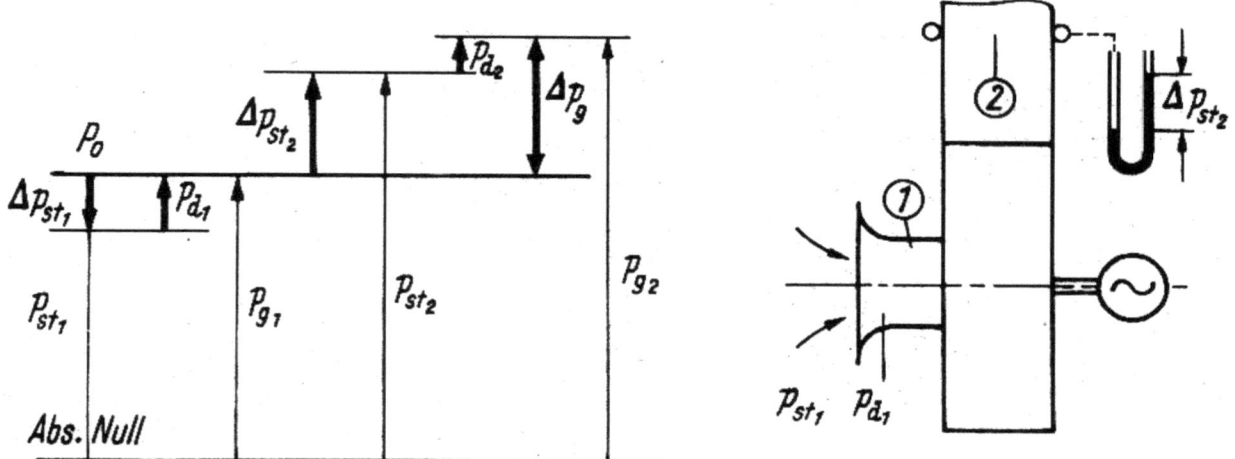

A b b i l d u n g   13
Graphische Darstellung der Drücke für druckseitigen Betrieb

Zu 3. saug- und druckseitiger Betrieb

Der Ventilator arbeitet auf der Saug- und Druckseite (Abb. 14).

Aus den schon erwähnten Fällen 1. und 2. geht dieser wohl am häufigsten vorkommende Fall eindeutig hervor. Die Verluste sind auf die Druck- und Saugseite verteilt. Die Gesamtdruckerhöhung hat bei gleichen Widerständen wiederum die gleiche Größe wie in den vorher beschriebenen Beispielen.

Berechnung der Gesamtdruckerhöhung für saug- und druckseitigen Betrieb

Nach Abbildung 15 ist

$$\Delta p_g = p_{g_2} - p_{g_1}$$
$$= (p_0 + \Delta p_{st_2} + p_{d_2}) - (p_0 - \Delta p_{st_1} + p_{d_1}) \qquad (19)$$
$$\Delta p_g = \Delta p_{st_1} + \Delta p_{st_2} + p_{d_2} - p_{d_1}$$

Bei genauer Betrachtung der beschriebenen drei Arbeitsmöglichkeiten eines Ventilators ist also festzustellen, daß immer das gleiche Ergebnis gemessen wird, gleichgültig, ob der Ventilator saugseitig, druckseitig oder beidseitig arbeitet, sondern Drehzahl und Drosselzustand gleichbleiben. Man muß lediglich dafür sorgen, daß die Zuströmbedingungen zum Ventilator hin einwandfrei sind; dies wird bei frei saugenden Ventilatoren durch eine Ansaugdüse erreicht.

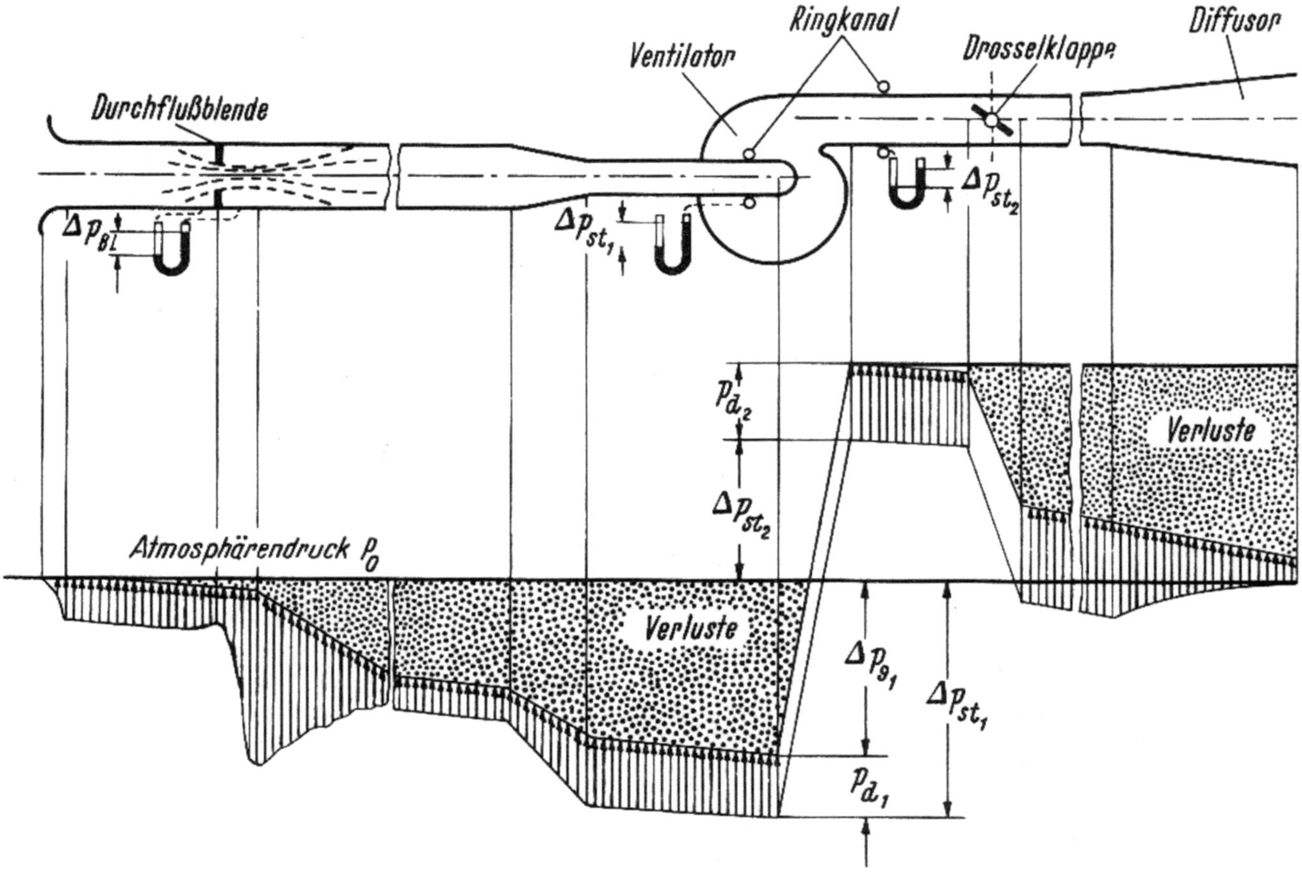

Abbildung 14

Meßschema eines saug- und druckseitig arbeitenden Ventilators mit Aufteilung der Druckverluste

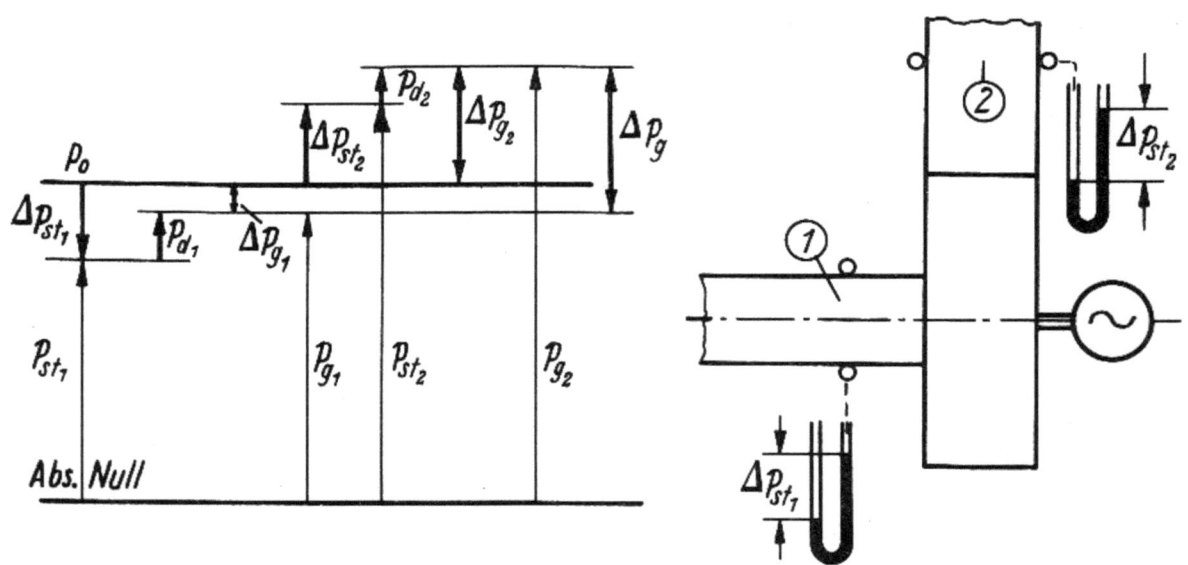

Abbildung 15

Graphische Aufteilung der Drücke für saug- und druckseitigen Betrieb

Wird nach den bisher beschriebenen Verfahren ein Ventilator einwandfrei gemessen, dann erhält man bei allen drei möglichen Meßanordnungen immer die gleiche Charakteristik, d.h. die gleiche Gesamtdruckhöhe in Abhängigkeit vom Volumenstrom. Nur bei Drücken über 100 kg/m² kommt eine Differenz in der Gesamtdruckhöhe zwischen Saug- und Druckbetrieb zustande, die durch die Änderung des spezifischen Gewichtes γ_1 an der Meßstelle (1) bedingt ist. Aber diese Differenz ist für die Praxis sehr klein. Man kann sie an Hand der Gl. (11) sehr leicht feststellen.

Das Kapitel "Gesamtdruck" darf nicht geschlossen werden, ohne daß auf folgenden sehr wichtigen Umstand hingewiesen wird.

Unter Voraussetzung gleichen Drosselzustandes ist die Gesamtdruckhöhe eines Ventilators bei den drei beschriebenen Einbauarten gleich. Dies wurde bereits festgestellt; doch kann sich diese Gesamtdruckhöhe sehr wohl aus verschiedenen statischen und dynamischen Anteilen zusammensetzen, je nachdem das Ventilatorgehäuse konstruiert ist.

Es dürfte wohl einleuchtend sein, daß der dynamische Druck als der der Strömungsgeschwindigkeit entsprechende Anteil vom Querschnitt abhängig ist. Daraus ergeben sich dann für die dynamische Druckdifferenz

$$\Delta p_d = p_{d_2} - p_{d_1} = \frac{\varrho}{2}(w^2{}_2 - w^2{}_1) \qquad (20)$$

wiederum drei Möglichkeiten, je nachdem der Ausblasquerschnitt F_2 kleiner, gleich oder größer ist als der Einlaufquerschnitt F_1. Gl. (20) in Abhängigkeit von den Querschnitten lautet dann, vorausgesetzt, daß $\Delta p_g <$ 100 kg/m² ist

$$\Delta p_d = \frac{\varrho}{2} V^2 \left(\frac{1}{F^2{}_2} - \frac{1}{F^2{}_1} \right) \qquad (21)$$

Aus dieser Gleichung ergeben sich für Δp_d folgende Werte:

$$\text{für } F_2 < F_1 \text{ ist } \Delta p_d > 0$$
$$\text{für } F_2 = F_1 \text{ ist } \Delta p_d = 0$$
$$\text{für } F_2 > F_1 \text{ ist } \Delta p_d < 0$$

Daher kann der Fall eintreten, daß die Gesamtdruckdifferenz größer, gleich oder auch kleiner ist als die statische Druckdifferenz; das hängt ganz von der Konstruktion des Spiralgehäuses ab. Das wird oftmals nicht genügend beachtet und kann daher zu Mißverständnissen führen.

In den Abbildungen 16 bis 18 soll ein Beispiel für einen frei ausblasenden und n u r saugseitig arbeitenden Ventilator gebracht werden. Hierbei wurde der statische Unterdruck Δp_{st_1} für alle drei Fälle gleich groß gewählt.

Zum gleichen Ergebnis kommt man auch bei einem beidseitig oder nur druckseitig arbeitenden Ventilator. Man braucht praktisch n u r die Atmosphärendrucklinie P_o in den Abbildungen 16 bis 18 zu verschieben.

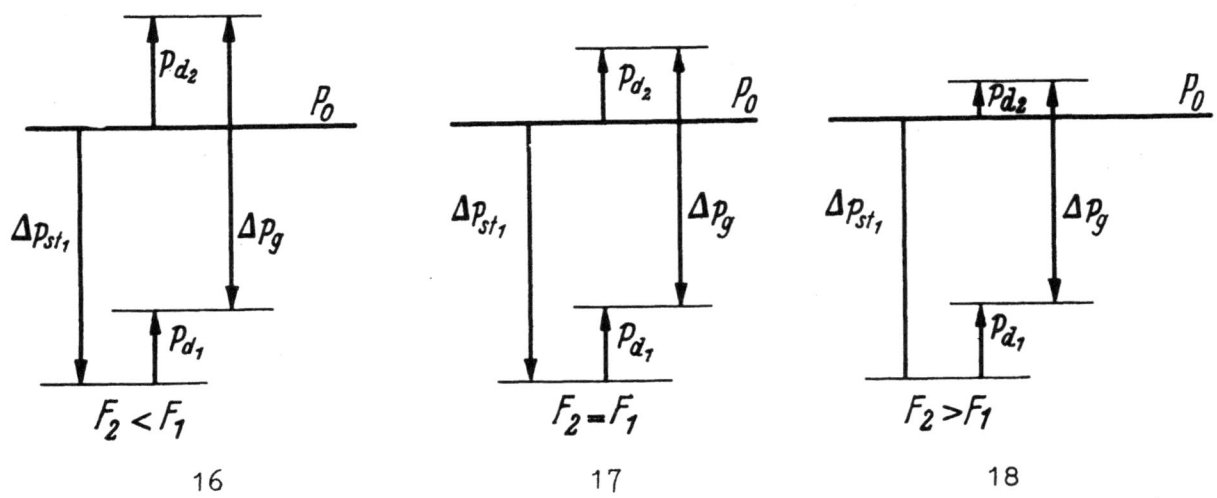

A b b i l d u n g 16 bis 18

Einfluß der Einlauf- und Ausblasquerschnitte F_1 und F_2 auf die Druckverteilung

Somit kann man zusammenfassend sagen:

ist Δp_d positiv, dann ist $\Delta p_{st} < \Delta p_g$

ist $\Delta p_d = 0$, dann ist $\Delta p_{st} = \Delta p_g$

ist Δp_d negativ, dann ist $\Delta p_{st} > \Delta p_g$

Nur in dem Falle, daß der Ventilator frei ansaugt und nur druckseitig arbeitet und die Verhältnisse an der Saugseite nicht beachtet werden, ist Δp_{st} stets kleiner als Δp_g (Abb.19), und zwar um den Betrag von p_{d_2}.

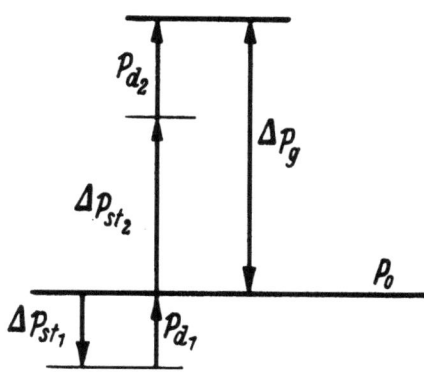

Abbildung 19
Druckverteilung bei frei ansaugendem Ventilator

Es dürfte noch interessant sein festzustellen, wie sich die statischen Druckdifferenzen beim Übergang vom Saug- zum Druckbetrieb und umgekehrt verhalten. Die Größe des relativen Druckes an der Saugseite bei nur saugseitigem Betrieb und der Druckseite bei nur druckseitigem Betrieb des gleichen Ventilators stellt man am besten nach folgender Rechnung und mit Hilfe einer Gegenüberstellung der Abbildung 16 und 19 als Beispiel für $F_2 < F_1$ fest (s. Abb. 20).

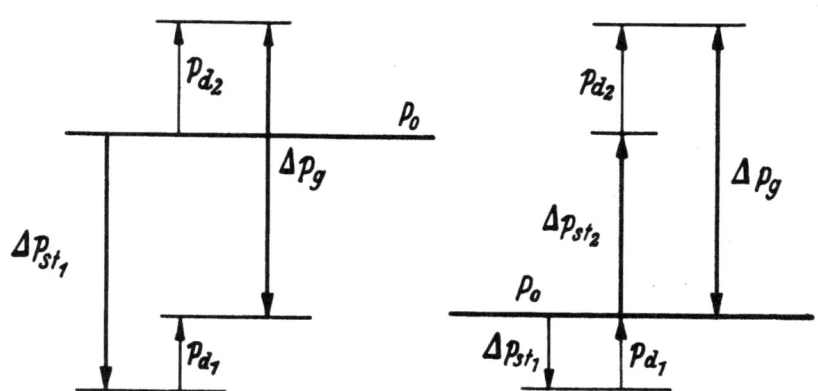

Abbildung 20
Übergang vom Saug- auf Druckbetrieb

Ein entsprechender Vergleich könnte ebenso für die Fälle $F_2 = F_1$ bzw. $F_2 > F_1$ angestellt werden.
Vergleichsrechnung nach Abbildung 20:

$$\Delta p_g = \Delta p_{st_1} - p_{d_1} + p_{d_2} = \Delta p_{st_2} + p_{d_2} \tag{22}$$
$$\Delta p_{st_1} - p_{d_1} = \Delta p_{st_2}$$

Man sieht, daß der statische Überdruck auf der Druckseite Δp_{st2} um den dynamischen Druck der Saugseite kleiner ist als der statische Unterdruck Δp_{st1}.

Hierauf ist bei der Auslegung von Ventilatoren zu achten, wenn in der Anfrage nur vom statischen Druck die Rede ist.

2. Die Wellenleistung

Unter der Wellenleistung versteht man die Leistung, die von der Ventilatorwelle aufgenommen wird. Sie ist nur bei direktgekuppelten Maschinen identisch mit der abgegebenen Motorleistung. Die Verluste zwischengeschalteter Antriebselemente müssen besonders bestimmt werden, was in vielen Fällen äußerst schwierig ist. Für die genaue Wirkungsgradbestimmung scheidet daher eine Messung mit Zwischentrieb aus. Hier ist nur die Leistungsbestimmung von direktgekuppelten Maschinen vorgesehen. Von den üblichen Meßverfahren sollen zwei behandelt werden, die unbedingt zuverlässig sind.

a) Pendelmotormessung

Diese Messung ist die einfachste und genaueste. Allgemein erhält man die Wellenleistung des Pendelmotors wie folgt:

$$L_W = M \cdot \omega \qquad (23)$$

Aus Abbildung 21 ist zu ersehen, daß das Drehmoment $M = G^x \, l$ ist. Die Winkelgeschwindigkeit ω berechnet sich aus der Motordrehzahl zu $\frac{\pi \cdot n}{30}$. Die Gl. (23) kann man dann schreiben

$$L_W = \frac{\pi}{30} l \cdot n G = k' n G^x \qquad (24)$$

Aus Gl. (24) geht hervor, daß zur Bestimmung der Wellenleistung nur die Drehzahl n und das Gewicht an der Waage G^x, das durch die Rückstellkraft des Hebelarmes hervorgerufen wird, gemessen zu werden braucht. Der k'-Wert ist durch die Länge l des Hebelarmes gegeben. Für G^x in kg, l in m und n in min^{-1} erhält man L_W in kgm/s.

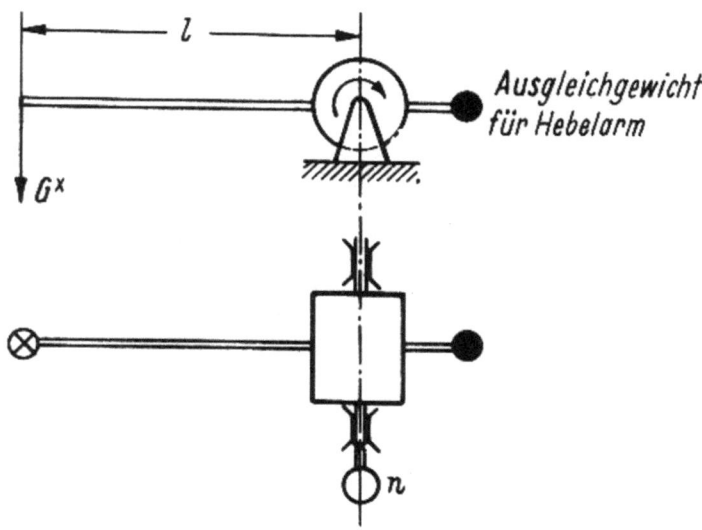

A b b i l d u n g 21
Wirkungsweise eines Pendelmotors

b) Elektrische Messung

In vielen Fällen kann man die sehr genauen Pendelmotormessungen nicht durchführen. Man ist gezwungen, die elektrische Aufnahmeleistung der Antriebsmaschine zu messen und ihre Verluste auszurechnen. Die hierüber ausgearbeiteten Meßverfahren sind in den Regeln VDE 0530 zusammengefaßt[5].

Es dürfte aber kein Fehler sein, das Verlustmeßverfahren für Drehstrom-Asynchronmotoren hier nochmals anzuführen, weil im Ventilatorenbau fast ausschließlich solche Antriebsmaschinen Verwendung finden.

Der Wirkungsgrad des Motors wird durch die Bestimmung der Einzelverluste ermittelt. Man erhält ihn aus dem Verhältnis der abgegebenen Leistung N_W zur aufgenommenen Leistung N_A

$$\eta Mot = \frac{N_W}{N_A} \tag{25}$$

---

5. Siehe auch NÜRNBERG, W.: Die Prüfung elektrischer Maschinen 3. Aufl. 1955. Berlin /Göttingen/Heidelberg. Springer-Verlag

N_A wird in Watt gemessen und zweckmäßig nach der Zweiwattmetermethode bestimmt. Nach dieser Methode gilt

$$N_A = N_1 + N_2 = c_1 a_1 + c_2 a_2 \tag{26}$$

a_1 und a_2 sind die Anzeigewerte der beiden Instrumente, c_1 und c_2 die jeweiligen Umrechnungsfaktoren, auch Instrumentenbeiwerte genannt.

Die aufgenommene Leistung N_A kann verhältnismäßig leicht bestimmt werden, schwieriger jedoch die Wellenleistung N_w, die um die Summe der Einzelverluste kleiner ist,

$$N_w = N_A - \Sigma \text{ Verluste} \tag{27}$$

Es gilt nun, diese Verluste zu bestimmen.

Dazu sind nötig

      a) ein Leerlaufversuch,
      b) die Lastversuche.

a) Leerlaufversuch

Durch diesen Versuch sollen die Eisen- und Reibungsverluste bestimmt werden, die von der Belastung unabhängig sind.

Es ist

$$N_o = V_{Fe} + V_R + V_{cu_1} \tag{28}$$

Darin bedeuten

N_o aufgenommene Leistung im Leerlauf
V_{Fe} Eisenverluste
V_R Reibungsverluste
V_{cu_1} Kupferverluste im Ständer

Gl. (28) umgewandelt ergibt

$$V_{Fe} + V_R = N_o - V_{cu_1} \tag{29}$$

Die Reibungsverluste V_R sind sehr klein und können mit den Eisenverlusten zusammengefaßt werden,

$$V_{(Fe+R)} = N_o - V_{cu_1} \qquad (30)$$

Die Kupferverluste im Ständer V_{cu_1} bestimmt man aus Phasenstrom und Phasenwiderstand. Nach dem Ohmschen Gesetz gilt

$$U = I \cdot R \qquad (31)$$

Die Verlustleistung ist

$$N = U \cdot I \qquad (32)$$

Ersetzt man U durch I··R, so ergibt sich

$$N = I^2 \cdot R \qquad (33)$$

Man muß nun zwei Fälle unterscheiden:

α) Der Motor ist im Stern geschaltet; λ-Schaltung. Dann setzt man für I den Phasenstrom I_{ph} bzw. den Leiterstrom I_L ein und für R den Phasenwiderstand R_{ph}.

Die Verlustleistung wird dann für alle drei Phasen

$$V_{cu_1\lambda} = 3 I^2_{ph} \cdot R_{ph} = 3 I^2_L \cdot R_{ph} \qquad (34)$$

β) Der Motor ist im Dreieck geschaltet; Δ-Schaltung. Für I_{ph} muß $\frac{I_L}{\sqrt{3}}$ eingesetzt werden. Man erhält dann

$$V_{cu_1\Delta} = I^2_L \cdot R_{ph} \qquad (35)$$

R_{ph} wird zweckmäßig mit einer Wheatstoneschen Brücke unmittelbar nach dem Leerlaufversuch bzw. Lastversuch gemessen, um so den Einfluß der Betriebswärme auf den Phasenwiderstand mit zu erfassen. Die Kupferverluste im Läufer sind gleich Null, weil beim Leerlauf kein Schlupf vorhanden ist.

Aus dem Leerlaufversuch erhält man die Summe der Eisen- und Reibungsverluste. Es ist zu bemerken, daß die Reibungsverluste von den Eisenverlusten auch getrennt werden können. Dies geschieht in der Weise, daß man die Leerlaufleistung bei konstanter Drehzahl mit veränderlicher Spannung aufnimmt und über der Spannung aufträgt (Abb. 22). Am Schnittpunkt der aufgenommenen Kurve mit der Ordinate kann dann der von der Spannung unabhängige Verlustanteil der Reibung abgelesen werden.

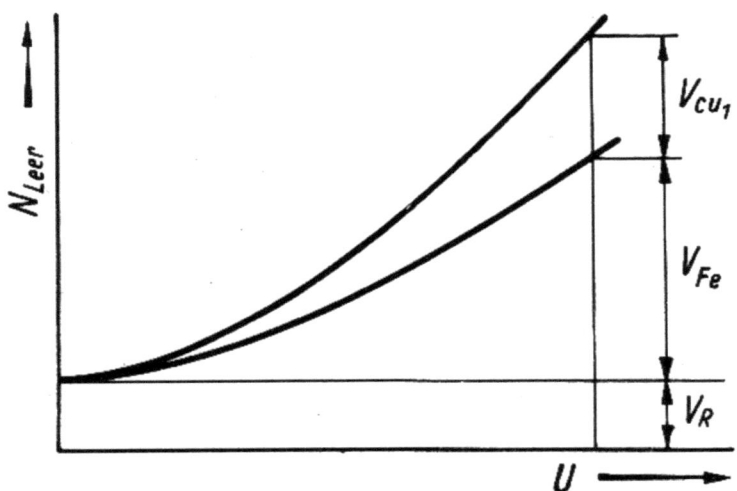

A b b i l d u n g 22

Der Leerlaufverlust bei veränderlicher Klemmenspannung

Die Eisenverluste verhalten sich wie die Quadrate der Spannungen

$$\frac{V_{Fe_1}}{V_{Fe_2}} = \left(\frac{U_1}{U_2}\right)^2 \tag{36}$$

Hierauf ist bei Spannungsschwankungen zu achten.

b) Lastversuch

Beim belasteten Motor ist die Summe der Eisen- und Reibungsverluste von gleicher Größe wie beim Leerlauf, sofern die Spannung U konstant geblieben ist. Die Kupferverluste im Ständer V_{cu_1} sind jedoch wegen des höheren Phasenstromes I_{ph} größer geworden. Sie werden auch hier, wie beim Leerlaufversuch, nach Gl. (34) oder (35) berechnet. Zu den bisher beschriebenen Verlusten kommen noch die Kupferverluste im Läufer V_{cu_2} und die Zusatzverluste V_Z hinzu.

Die Läuferverluste sind beim Lastversuch infolge des hierbei vorhandenen Schlupfes nicht mehr gleich Null.

Allgemein gilt

$$V_{cu_2} = s \cdot N_\delta \qquad (37)$$

Darin sind N_δ die Luftspaltleistung und s der Schlupf.

Die Luftspaltleistung wird ermittelt, indem man die Kupfer-, Eisen- und Reibungsverluste von der zugeführten Leistung N_A subtrahiert

$$N_\delta = N_A - \left(V_{(Fe+R)} + V_{cu_1}\right) \qquad (38)$$

s läßt sich aus dem Verhältnis der Schlupfdrehzahl $(n_o - n)$ zur synchronen Drehzahl n_o ermitteln,

$$s = \frac{n_o - n}{n_o} \qquad (39)$$

Die Drehzahl des Läufers bei Belastung ist n. Setzt man Gl. (38) und (39) in Gl. (37) ein, so ergibt sich für die Läuferverluste

$$V_{cu_2} = \frac{n_o - n}{n_o} \left[N_A - \left(V_{(Fe+R)} + V_{cu_1}\right)\right] \qquad (40)$$

Die Zusatzverluste V_z sind die im einzelnen nicht erfaßbaren Verluste, die in der Regel mit 0,5 % der aufgenommenen Leistung N_A angenommen werden,

$$V_z = 0{,}005\, N_A \qquad (41)$$

Faßt man nun alle Verluste zusammen, so erhält man für die Wellenleistung nach G. (27)

$$N_w = N_A - \left(V_{(Fe+R)} + V_{cu_1} + V_{cu_2} + V_z\right) \qquad (42)$$

3. Der Wirkungsgrad

Der Wirkungsgrad eines Ventilators ist definiert durch das Verhältnis Nutzleistung zu Wellenleistung.

Dem Leser wird es nicht entgangen sein, daß bei der Pendelmotormessung die Leistungen mit L und bei der elektrischen Messung mit N bezeichnet wurden.

Das erklärt sich damit, daß im Rahmen dieses Aufsatzes unter L immer eine Leistung in kg m/s und unter N eine Leistung in Watt zu verstehen ist.

Die Beziehung zwischen L und N ist bekanntlich folgende:

$$1 \text{ kg m/s} \rightarrow 9{,}81 \text{ W}.$$

Das ist bei der Bestimmung des Wirkungsgrades eines Ventilators zu beachten,

$$\eta = \frac{L_n}{L_w} = \frac{N_n}{N_w} = \frac{9{,}81\, L_n}{N_w} = \frac{N_n}{9{,}81\, L_w} \qquad (43)$$

II. Fehlerbestimmung

Da grundsätzlich ein fehlerfreies Messen unmöglich ist, sollte man - besonders bei Forschungs- und Entwicklungsarbeiten - erst dann das Ergebnis einer Messung mit Sicherheit verwenden, wenn Kontrollmessungen eine ausreichende Übereinstimmung ergeben. Das Vertrauen, das in das Ergebnis einer Messung zu setzen ist, hängt davon ab, welche Abweichungen unter den gegebenen Umständen für denkbar zu halten sind. Die Fehlerrechnung dient dazu, eine Unterschätzung, aber auch eine Überschätzung des Wertes einer Messung zu vermeiden.

Die Ergebnisse der Fehlerrechnung geben nur die Größenordnung an. Der Grad der Abweichung ist jeweils zu erwägen und im Zweifelsfall immer nach oben abzurunden. Darüber hinaus läßt eine Fehlerrechnung erkennen, auf welchen Teil der Messung besonderer Wert zu legen ist; hierüber sollte man sich bereits vor Beginn einer Messung im klaren sein.

Grobe Fehler lassen sich leicht feststellen und beseitigen. Von diesen abgesehen gibt es die systematischen Fehler, die das Ergebnis nach einer bestimmten Richtung beeinflussen, und die zufälligen Fehler durch unkontrollierbare Einflüsse, wie z.B. persönliche Schätzungsfehler beim Ablesen der Instrumente.

Auf die systematischen Fehler, hervorgerufen durch fehlerhafte Meßgeräte, regelwidrigen Anschluß, ungünstige Aufstellung und schlechte Handhabung, ist besonders scharf zu achten, da sie das Ergebnis u.U. nicht feststellbar verfälschen. Daher dürfen nur Meßgeräte mit einer den Genauigkeits-

ansprüchen entsprechenden Güteklasse Verwendung finden. Von Zeit zu Zeit
- besonders nach stärkerer Beanspruchung - sind die Eichkurven der Instrumente zu überprüfen.

Systematische Fehler lassen sich durch verschiedene Versuchsanordnungen feststellen. Auch die Bestimmung des Vorzeichens, d.h. der Richtung, nach der sie wirken, ist durchaus denkbar.

Die zufälligen und nicht vermeidbaren Fehler erkennt man, wenn eine Messung unter gleichen Bedingungen und mit gleichen Meßinstrumenten wiederholt wird. Es ist aber im Gegensatz zu den systematischen Fehlern hier grundsätzlich nicht möglich zu entscheiden, ob die Werte oder der Mittelwert der Einzelmessungen vom Idealwert nach oben oder nach unten abweichen. Diesem Umstand wird bei den Formeln der Fehlerrechnung durch das unbestimmte Vorzeichen $\pm$ Rechnung getragen. Es ist also stets der ungünstigste Fall anzunehmen.

Ein Maß für die Zuverlässigkeit der Beobachtung bietet bei lauter gleichberechtigten Messungen der scheinbare Fehler, worunter die Abweichung der Einzelwerte vom arithmetischen Mittel verstanden wird. Dies setzt voraus, daß alle Größen unmittelbar durch Messungen bestimmt werden können. Liegen aber Funktionsbeziehungen zwischen mehreren Größen vor, aus denen die wahrscheinlichsten Werte für die Einzelgrößen bestimmt werden müssen, so führt die "Methode der kleinsten Fehlerquadrate" nach Gauß, wonach die Summe der Fehlerquadrate ein Minimum ist, zu genaueren Ergebnissen.

Man findet mit $\mu = \pm \sqrt{\frac{[vv]}{(n-1)}}$ den mittleren Fehler der Einzelmessung;

$\Delta x = \pm \sqrt{\frac{[vv]}{n(n-1)}}$ ist der mittlere Fehler des Ergebnisses.

Hierbei ist $[vv] = v_1^2 + v_2^2 + \ldots + v_n^2$ die Summe der Fehlerquadrate, V der bereits definierte scheinbare Fehler und n die Anzahl der Messungen.

Es sei noch darauf hingewiesen, daß bei ungleicher Genauigkeit der Beobachtungen diesen verschiedenes Gewicht erteilt werden kann (s. HÜTTE, DUBBEL usw.).

Da es sich im Rahmen dieser Messungen in der Regel um die Aufnahme einer Kennlinie handeln wird, findet bereits zeichnerisch ein angenäherter

Ausgleich der zufälligen und nicht vermeidbaren Fehler dadurch statt, daß die Kurve stetig durch das Gebiet der geringsten Streuung gelegt wird und somit die Punkte mit den wahrscheinlich geringsten Fehlern verbunden werden.

Die bisher besprochenen absoluten Fehler geben noch kein deutliches Bild von der Güte der Messung. Es kommt auf den relativen Fehler an, das Verhältnis des Fehlers zum Ergebnis, der üblicherweise in Prozent angegeben wird. Wenn der gesuchte Wert nicht unmittelbar, sondern als Funktion verschiedener Einzelgrößen gefunden wird, ist der Gesamtfehler nicht nur von der Größe der Einzelfehler, sondern auch von der Art der Funktion abhängig. Die Regeln hierfür sind folgende: Bei Addition und Subtraktion fehlerhafter Größen addieren sich die absoluten Fehler. Bei der Multiplikation und Division addieren sich ihre prozentualen Fehler. Beim Potenzieren und Radizieren multipliziert sich der prozentuale Fehler mit dem Exponenten.

Das Verfahren zur Bestimmung des absoluten Größtfehlers (und analog des relativen Fehlers) ist folgendes: Bildung des vollständigen Differentiales d R der Funktion R (x, y, z); "Übergang zum Fehler", indem die Differentiale dR, dx, ... durch die Fehler ΔR, Δx, ... ersetzt werden; Einklammern der rechten Seite; alle Ausdrücke positiv machen und vor die Klammer das unbestimmte Vorzeichen $\pm$ setzen. Es ist jeweils nach den Größen zu differenzieren, die zum Fehler beitragen, und alle übrigen Größen sind als konstant zu betrachten. Wenn die einzelnen Größen selbst schon zusammengesetzt sind, werden diese Ausdrücke besonders berechnet und in die Gleichung eingesetzt.

Stellt man noch in Rechnung, daß eine gewisse Wahrscheinlichkeit für den teilweisen gegenseitigen Ausgleich der Fehler der einzelnen Größen vorhanden ist, so liefert die Theorie für den mittleren absoluten Fehler nach dem Fehlerfortpflanzungsgesetz von Gauß

$$\Delta R = \pm \sqrt{\left(\frac{\partial R}{\partial x} \Delta x\right)^2 + \left(\frac{\partial R}{\partial y} \Delta y\right)^2 + \ldots} \tag{44}$$

und analog erhält man für den mittleren relativen Fehler bei Potenzprodukten, wenn $R = A x^a \cdot y^b \cdot z^c$,

$$\frac{\Delta R}{R} = \pm \sqrt{\left(\frac{a\Delta x}{x}\right)^2 + \left(\frac{b\Delta y}{y}\right)^2 + \left(\frac{c\Delta z}{z}\right)^2} \qquad (45)$$

Die Berechnung des mittleren Fehlers ist im Grundsatz korrekter als die Berechnung des Größtfehlers. Er ist kleiner als dieser. Man kann aber auch bei unmittelbar gemessenen Größen die mittleren Fehler nach Vorhergehendem bilden und in die Gleichungen für den absoluten oder relativen Größtfehler einsetzen.

$$\Delta R = \pm \left(\frac{\partial R}{\partial x}\Delta x + \frac{\partial R}{\partial y}\Delta y + \frac{\partial R}{\partial z}\Delta z + \ldots\right) \qquad (46)$$

$$\frac{\Delta R}{R} = \pm \left(a\frac{\Delta x}{x} + b\frac{\Delta y}{y} + c\frac{\Delta z}{z} + \ldots\right) \qquad (47)$$

Unter Verwendung des Fehlergesetzes von GAUSS[6] kann nun noch der wahrscheinliche Fehler als das 0,674fache des mittleren Fehlers gefunden werden.

Nach dem hier beschriebenen Bildungsgesetz unter Beachtung der angeführten Regeln sollen nun in der Reihenfolge des ersten Abschnitts zunächst die größtmöglichen Fehler, die bei der Bestimmung der Nutzleistung, der Wellenleistung und damit des Wirkungsgrades auftreten können, nach Gl. (46) und (47) bestimmt werden.

Fehler bei der Bestimmung der Nutzleistung

1. Gewichtsstrom

Die Toleranzen sind in den VDI-Durchflußmeßregeln DIN 1952 aufgeführt. Sie betragen oberhalb der Toleranzgrenze $\pm$ 0,5 % und unterhalb dieser Grenze $\pm$ 1 %. Hierbei ist zu beachten, daß normgerechte Düsen oder Blenden verwendet werden und daß auch deren Einbau genau nach Vorschrift (s. Meßregeln) vorgenommen wird.

Die Fehler, die durch die Meßinstrumente und deren Beobachtung bedingt sind, sollen nun aus der bekannten Gleichung

---

6. HÜTTE, I. Theor. Grundlagen. 28. Aufl. Berlin 1955. W. Ernst & Sohn S. 207

$$G = \alpha \varepsilon F \sqrt{2g} \sqrt{\gamma} \sqrt{\Delta p_D}$$

berechnet werden.

Abgesehen von der Öffnungsfläche F, die ohne weiteres genau bestimmt werden kann, werden nur noch die Werte γ und p_D von den Meßinstrumenten und deren Beobachtung abhängen.

Zum Differenzieren schreibt man obige Gleichung zweckmäßiger

$$G = k \cdot \gamma^{1/2} \cdot \Delta p_D^{1/2} \qquad (48)$$

Setzt man für das spez. Gewicht γ den Wert $\frac{P_o}{RT_o}$ ein, dann erhält man

$$G = k \left(\frac{P_o}{RT_o}\right)^{1/2} \Delta p_D^{1/2} \qquad (49)$$

Hierin bedeuten:

P_o den absoluten Druck in kg/m² vor dem Drosselgerät
T_o die absolute Temperatur in °K vor dem Drosselgerät
Δp_D den Wirkdruck am Drosselgerät in kg/m²
R die Gaskonstante in m/grd
$k \, \alpha \, \varepsilon \, F \sqrt{2g}$ ist für die Fehlerrechnung konstant.

Aus Gl. (49) folgt nach dem Bildungsgesetz Gl. (47) der relative Größtfehler

$$f_G = \frac{\Delta G}{G} = \frac{1}{G}\left(\frac{\partial G}{\partial P_o}\Delta P_o + \frac{\partial G}{\partial T_o}\Delta T_o + \frac{\partial G}{\partial(\Delta p_D)}\Delta[\Delta p_D]\right)$$

$$f_G = \pm \left(\frac{\Delta P_o}{2P_o} + \frac{\Delta T_o}{2T_o} + \frac{\Delta[\Delta p_D]}{2\Delta p_D}\right) \qquad (50)$$

In Gl. (50) bedeuten ΔP_o, ΔT_o und $\Delta[\Delta p_D]$ die Abweichungen der abgelesenen Werte von den tatsächlichen Ist-Werten. Diese Größen sind weitgehend von den Meßgeräten abhängig. Angenähert können die beiden ersten Glieder $\frac{\Delta P_o}{2 P_o}$ und $\frac{\Delta T_o}{2 T_o}$ als vernachlässigbar klein gegenüber $\frac{\Delta[\Delta p_D]}{2 \Delta p_D}$ angesehen werden, wie ein einfaches Beispiel zeigt. Für gute Quecksilberbarometer ist die Ablesegenauigkeit $\pm$ 0,1 mm HgS bzw. $\pm$ 1,36 kg/m^2 und für einwandfreie Thermometer $\pm$ 0,1° C.

Für P_o = 760 mm HgS und T_o = 290° K ergibt sich dann

$$f_G = \pm \left(\frac{0,1}{2 \cdot 760} + \frac{0,1}{2 \cdot 290} + \frac{\Delta [\Delta p_D]}{2 \Delta p_D} \right) 100 \%$$

$$= \pm \left(0,02378 + \frac{\Delta [\Delta p_D]}{2 \Delta p_D} \cdot 100 \right) \%.$$

Der Gesamtfehler für γ, bedingt durch die Ablesung der Geräte, ist also kleiner als 0,3 °/oo. Somit kann man mit genügender Genauigkeit schreiben

$$f_G = \pm \frac{\Delta [\Delta p_D]}{2 \cdot \Delta p_D} \tag{51}$$

Stehen jedoch keine erstklassigen Meßgeräte zur Verfügung, dann rechnet man zweckmäßig mit Gl. (50) statt mit (51).

Kennt man die Ablesegenauigkeit des Wirkdruckmessers, so kann man nun für jeden Wirkdruck den größtmöglichen Fehler ausrechnen. Es ist daher zweckmäßig, die heute auf dem Markt erscheinenden Manometer bezüglich ihrer Ablesegenauigkeit näher zu beschreiben. Einfache U-Rohre haben eine Ablesetoleranz von $\pm$ 1 mm, Schrägrohrmanometer, soweit sie in Ordnung sind, eine von $\pm$ 0,5 mm. Am besten eignen sich für exakte Druckmessungen die Feindruckmanometer von Betz und Debro. Bei diesen Geräten liegt die Ablesetoleranz in der Größenordnung von $\pm$ 1/10 mm. Hieraus errechnen sich die Ergebnisse der Tabelle 1.

Im Betrieb schwanken natürlich die Ablesewerte mehr oder weniger. Dadurch wird das Ablesen der Instrumente erschwert. Je nach Art des Gerätes und nach der inneren Einstellung des Beobachters können bedeutend größere Fehler als die vorhin erwähnten gemacht werden. Es gehört schon eine gewisse Erfahrung dazu, das richtige Instrument für den jeweiligen Bedarfsfall einzusetzen und richtig abzulesen.

Will man, wie Tabelle 1 zeigt, die Ablesefehler in der Größenordnung

Tabelle 1

Meßfehler bei Bestimmung des Gewichts- bzw. Volumenstroms

Instrument	Wirkdruck in mm Flüssigkeitssäule			
	10	50	100	200
U-Rohr	± 5 %	± 1 %	± 0,5 %	± 0,25 %
Schrägrohrmanometer	± 2,5 %	± 0,5 %	± 0,25 %	± 0,125 %
Betz-Debro	± 0,5 %	± 0,1 %	± 0,05 %	± 0,025 %

von ± 0,5 % halten, dann muß man zwangsläufig folgende Forderungen für die Bestimmung von G stellen. Hat man Wirkdrücke von 10 bis 50 mm, dann benötigt man ein Betz- oder Debro-Manometer. Von 50 bis 100 mm kann man Schrägrohrmanometer (z.B. System Askania) einsetzen. Für Wirkdrücke > 100 mm genügen einfache U-Rohre.

Es ist jedoch schwer, eine allgemeingültige Norm aufzustellen. Jeder Fall wird zweckmäßig nach den angegebenen Gesichtspunkten und Formeln besonders betrachtet und danach die Gesamttoleranz bei der Mengenbestimmung festgelegt.

Man erkennt daraus, wie schwierig es ist, mit einfachen Meßgeräten Gesamttoleranzen von < ± 1 % zu erhalten.

2. Förderhöhe

Auch hier kann man die auftretenden Fehler in zwei Gruppen einteilen, und zwar

a) in Fehler, die bedingt sind durch die Eigenschaften der Meßinstrumente und deren Handhabung;

b) in Fehler, die durch die Meßanordnung selbst entstehen, so daß schlechte Strömungsverhältnisse an den Meßstellen herrschen.

Die unter a) angeführten Fehler sind nicht zu vermeiden. Sie können nur auf ein erträgliches Maß gebracht werden, während die unter b) angeführten weitgehend vermieden werden können. Leider bestehen hier noch keine gültigen Vorschriften wie bei den Durchflußmeßregeln. Im folgenden sollen kurz die wichtigsten Fehler beschrieben werden.

Zu a)

Für H kann man bekanntlich $\frac{\Delta p_g}{\gamma_1} (1 - f)$ schreiben (s. Gl. (11)).

Der Wert $(1 - f)$ läßt sich sehr genau bestimmen, so daß er als Konstante für die Fehlerrechnung in Betracht gezogen werden kann. Die Gesamtdruckdifferenz Δp_g spaltet man zweckmäßig in Δp_{st} und Δp_d auf, weil unter Umständen für die Messung der statischen Druckdifferenz ein anderes Meßgerät verwandt wird als für die Bestimmung der dynamischen Druckdifferenz. Die dynamische Druckdifferenz wird zwar berechnet, sie geht aber unmittelbar aus der Meßgröße der Wirkdurckdifferenz p_D hervor, wie eine kurze Rechnung zeigt.

Es ist

$$\Delta p_d = \frac{\gamma}{2g} (w_2^2 - w_1^2) \qquad (52)$$

die dynamische Druckdifferenz zwischen den Querschnitten des Ventilators F_2 (Ausblas) und F_1 (Ansaug).

Setzt man für $w = \frac{V}{F}$, so ergibt sich

$$\Delta p_d = \frac{\gamma}{2g} V^2 \left[\frac{1}{F_2^2} - \frac{1}{F_1^2} \right] \qquad (53)$$

Für $V = \alpha \cdot \varepsilon F_0 \sqrt{\frac{2g}{\gamma}} \sqrt{\Delta p_D}$ geht Gl. (53) über in

$$\Delta p_d = \alpha^2 \cdot \varepsilon^2 F_0^2 \left[\frac{1}{F_2^2} - \frac{1}{F_1^2} \right] \cdot \Delta p_D \qquad (54)$$

α, ε, F_0, F_1 und F_2 sind für die Rechnung Konstante, so daß man für Gl. (54) schreiben kann

$$\Delta p_d = k \cdot \Delta p_D \qquad (55)$$

Die dynamische Druckdifferenz Δp_d ist also der Wirkdruckdifferenz Δp_D proportional und somit

$$H = \frac{\Delta p_{st} + k \Delta p_D}{\gamma_1} (1 - f) \qquad (56)$$

Für $\gamma_1 = \dfrac{p_1}{RT_1}$ erhält man die Förderhöhe

$$H = (1-f)\frac{RT_1}{p_1}\Delta p_{st} + (1-f)k\frac{RT_1}{p_1}\Delta p_D \qquad (57)$$

Differenziert man H partiell nach den Meßgrößen T_1, p_1, Δp_{st} und Δp_D und multipliziert die partiellen Differentialquotienten $\dfrac{\partial H}{\partial T_1}$; $\dfrac{\partial H}{\partial p_1}$; $\dfrac{\partial H}{\partial \Delta p_{st}}$; $\dfrac{\partial H}{\partial \Delta p_D}$ mit den jeweiligen Abweichungen der Ablesewerte von den Ist-Werten ΔT_1, Δp_1, $\Delta[\Delta p_{st}]$, $\Delta[\Delta p_D]$, dann ist der mögliche Fehler

$$f_H = \frac{\Delta H}{H} =$$

$$\frac{1}{H}\left[\frac{\partial H}{\partial T_1}\Delta T_1 + \frac{\partial H}{\partial p_1}\Delta p_1 + \frac{\partial H}{\partial \Delta p_{st}}\cdot\Delta[\Delta p_{st}] + \frac{\partial H}{\partial \Delta p_D}\cdot\Delta[\Delta p_D]\right]$$

$$f_H = \pm\left[\frac{\Delta T_1}{T_1} + \frac{\Delta p_1}{p_1} + \frac{\Delta[\Delta p_{st}]}{\Delta p_g} + k\frac{\Delta[\Delta p_D]}{\Delta p_g}\right] \qquad (58)$$

Die beiden ersten Glieder der Gl. (58) können unter den gleichen Bedingungen wie bei Gl. (50) vernachlässigt werden. Dann ist der größtmögliche Fehler für die Förderhöhe bzw. Gesamtdruckdifferenz

$$f_H = \pm\left[\frac{\Delta[\Delta p_{st}]}{\Delta p_g} + k\frac{\Delta[\Delta p_D]}{\Delta p_g}\right] \qquad (59)$$

Da bei jeder Messung das verwendete Instrument den ungefähren Ablesefehler bestimmt und der gemessene Druck bekannt ist, ist es zweckmäßig, Gl. (59) auf das Verhältnis beider Werte umzuschreiben, und man erhält so mit $k = \dfrac{\Delta p_d}{\Delta p_D}$ die endgültige auf Δp_{st} zugeschnittene Formel

$$f_H = \pm\left[\frac{\Delta p_{st}}{\Delta p_g}\cdot\frac{\Delta[\Delta p_{st}]}{\Delta p_{st}} + \frac{\Delta p_d}{\Delta p_g}\cdot\frac{\Delta p_{st}}{\Delta p_D}\cdot\frac{\Delta[\Delta p_D]}{\Delta p_{st}}\right] \qquad (60)$$

Bevor man mit der Fehlerrechnung beginnen kann, muß man sich noch über die Verhältnisgrößen $\dfrac{\Delta p_{st}}{\Delta p_g}$, $\dfrac{\Delta p_d}{\Delta p_g}$ und $\dfrac{\Delta p_{st}}{\Delta p_D}$

Aufschluß verschaffen.

Diese Zahlen können natürlich durchaus verschiedene Werte annehmen. Wenn nachfolgend $\frac{\Delta p_{st}}{\Delta p_g} = 0,8$ und damit $\frac{\Delta p_d}{\Delta p_g} = 0,2$, und $\frac{\Delta p_D}{\Delta p_g} = 0,5$ bzw. $\frac{\Delta p_{st}}{\Delta p_D} = 1,6$ gesetzt wird, so bedeutet dies eine Erfassung oft vorkommender Werte. Beliebige andere Werte können gemäß obiger Gleichung leicht berechnet werden.

Setzt man die vorhin angegebenen Verhältnisgrößen in Gl. (60) ein, dann errechnet sich ein größtmöglicher Fehler

$$f_H = \pm \left[0,8 \frac{\Delta[\Delta p_{st}]}{\Delta p_{st}} + 0,32 \frac{\Delta[\Delta p_D]}{\Delta p_{st}} \right] \quad (61)$$

bzw., wenn Δp_{st} und Δp_D mit der gleichen Instrumentenart gemessen werden,

$$f_H = \pm 1,12 \frac{\Delta[\Delta p]}{\Delta p_{st}} \quad (62)$$

Mit diesen Angaben errechnen sich nun die Resultate der Tabelle 2.

Tabelle 2

Meßfehler bei Bestimmung der Gesamtdruckerhöhung

Instrument	statischer Druck in mm Flüssigkeitssäule			
	10	22,5	112	225
U-Rohr	11,2 %	5 %	1 %	0,5 %
Schrägrohrmanometer	3,6 %	2,5 %	0,5 %	0,25 %
Betz-Debro	1,12 %	0,5 %	0,1 %	0,08 %

Soll auch hier wie im Falle der Durchflußmengenbestimmung der Fehler $\leq \pm 0,5 \%$ sein, dann ist die kleinste meßbare Druckdifferenz für U-Rohre 225 mm und Schrägrohrmanometer 112 mm, während Betz- und Debrometer schon ab 25 mm zu verwenden sind.

Zu b)

In der Praxis hat es sich als zweckmäßig erwiesen, bei der Bestimmung der Gesamtdruckerhöhung die statische Druckdifferenz zu messen und die dynamische Druckdifferenz aus Volumenstrom und zugeordneten Querschnitten nach Gl. (21) zu berechnen. Man geht so vor, als wäre die Rohrströmung reibungslos (Abb. 23).

In Wirklichkeit hat man wegen der reibungsbehafteten Strömung (Abb. 24) einen etwas höheren mittleren dynamischen Druck, als aus der Rechnung nach Abbildung 23 hervorgeht. Diese Abweichung wird jedoch vernachlässigt, weil sonst notwendigerweise die dynamischen Drücke über den ganzen Querschnitt abgetastet werden müßten, ein Vorgang, der sehr zeitraubend ist.

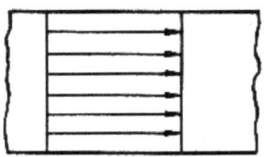 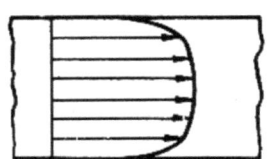

Abbildung 23　　　　　　　　Abbildung 24
Reibungslose Rohrströmung　　Wirkliche Rohrströmung

Der statische Druck wird an drei bis vier über den Umfang der Rohrleitung gleichmäßig verteilten Anbohrungen von etwa 1,5 bis 2 mm Dmr., die zudem durch einen gemeinsamen Ringkanal miteinander verbunden sind, abgenommen. Die Bohrlöcher müssen sauber entgratet sein. Die Kanten dürfen aber dabei nicht gebrochen werden (Abb. 25), da sonst erhebliche Fehler auftreten können.

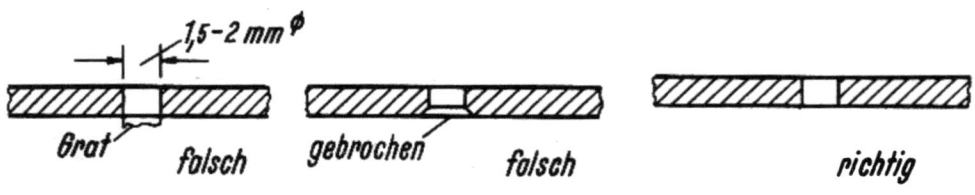

Abbildung 25
Falsche und richtige Meßbohrungen

Abbildung 26 zeigt das Schema einer Druckmeßstelle mit Ringkanal. Die sorgfältige Herrichtung der Druckmeßstelle allein gibt noch keine Gewähr

Forschungsberichte des Wirtschafts- und Verkehrsministeriums Nordrhein-Westfalen

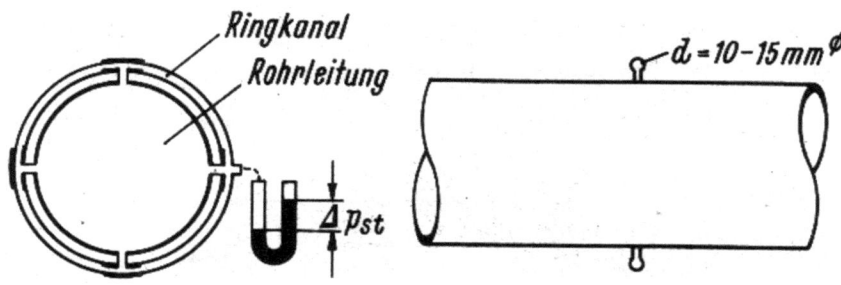

Abbildung 26

Druckmeßstelle mit vier über Ringkanal verbundenen Anbohrungen

für eine exakte Messung. Man muß unter allen Umständen die dort herrschenden Strömungsverhältnisse beachten. Stark verwirbelte oder mit Drall behaftete Strömungen verfälschen das Meßergebnis (Abb. 27). Es ist daher zu empfehlen, den Querschnitt jeder Druckmeßstelle vor Inbetriebnahme mit einem Prandtlschen Staurohr abzutasten. Nur dann, wenn der im Innern über den ganzen Querschnitt gemessene statische Druck mit dem am Ringkanal abgenommenen Druck übereinstimmt und die Geschwindigkeitsverteilung einigermaßen gleichmäßig ist, ist die Meßanordnung einwandfrei. Bei ungleicher oder instabiler Geschwindigkeitsverteilung können schon größere Fehler bei der Berechnung des dynamischen Druckes auftreten.

Abbildung 27
Statische Druckverteilung in einer
mit Drall behafteten Strömung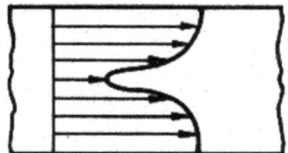

Man kann sich folgende einfache Regel merken: Je ungleichmäßiger die Geschwindigkeitsverteilung im Rohrquerschnitt, desto größer ist die Differenz zwischen dem rechnerisch ermittelten und dem tatsächlichen dynamischen Druck, und zwar ist der rechnerische stets kleiner.

Man kann dies durch einen einfachen Versuch nachweisen:

Abbildung 28 zeigt eine Rohrstrecke, die an der Stelle 1 ungleichmäßig durchströmt wird. Bis zur Stelle 2 hat sich das Geschwindigkeitsprofil ausgeglichen. Dabei ist eine stetige statische Druckerhöhung zu verzeichnen. Der Betrag Δ gibt die Differenz in dynamischem Druck an, die man erhält, wenn statt des mittleren dynamischen Druckes der rechnerische an der Stelle 1 eingesetzt wird. $\Delta = p_{dm_1} - p_{dR}$ kann als Fehler positiv oder negativ in die Gesamtdruckberechnung eingehen, je nachdem, ob p_{st} kleiner oder größer ist als der Atmosphärendruck. Wichtig ist auch,

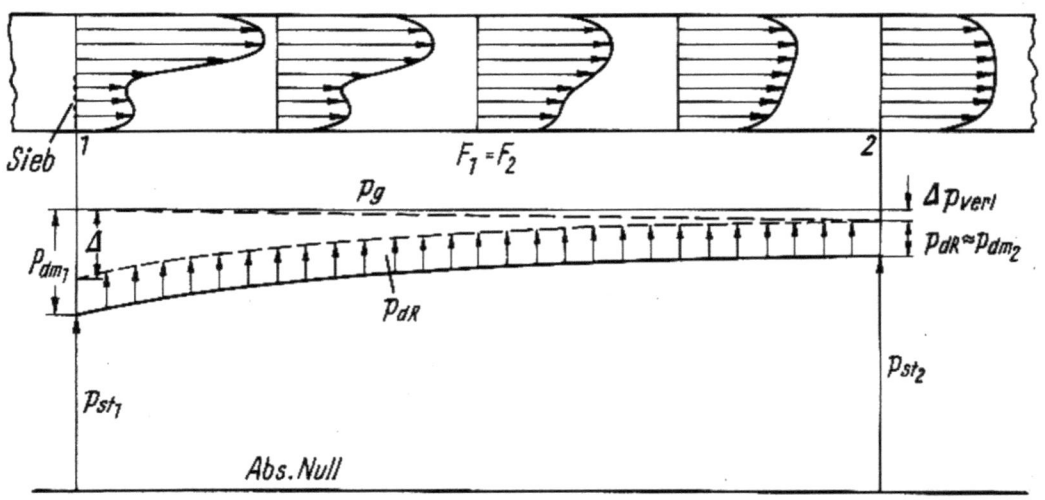

Abbildung 28

Einfluß der Geschwindigkeitsverteilung auf den statischen Druck einer Rohrströmung

daß die Druckmeßstelle nicht unmittelbar vor oder hinter einem scharfen Übergang liegt, wie z.B. in Abbildung 29 gezeigt wird bzw. sich unmittelbar hinter dem Ausblasquerschnitt des Ventilators befindet.

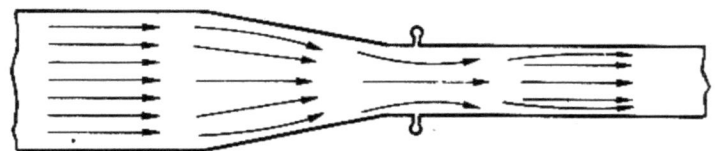

Abbildung 29

Falsche Anordnung einer Druckmeßstelle

Über die Größenordnung der Fehler durch ungleichmäßige Geschwindigkeitsverteilung kann wenig ausgesagt werden, da die Verhältnisgröße $\Delta p_d / \Delta p_{st}$, die einen entscheidenden Einfluß ausübt, von Fall zu Fall verschieden ist[7].

---

7. Siehe auch ECK, B.: Ventilatoren. 3. Aufl. 1957. Springer-Verlag S. 456/64

3. Nutzleistung

Die Nutzleistung ist bekanntlich: $L_n = G \cdot H$.

Wie schon auf Seite 30 erwähnt, addieren sich die prozentualen Fehler bei Multiplikation verschiedener Funktionsgrößen. Folglich ist der mögliche Gesamtfehler bei der Bestimmung der Nutzleistung gleich der Summe der schon ermittelten Teilfehler des Gewichtsstroms G und der Förderhöhe H

$$f_n = \frac{\Delta L_n}{L_n} = fG + fH \tag{63}$$

$$f_n = \pm \left[\frac{1}{2} \frac{\Delta p_{st}}{\Delta p_D} \cdot \frac{\Delta[\Delta p_D]}{\Delta p_{st}} + \frac{\Delta p_{st}}{\Delta p_g} \cdot \frac{\Delta[\Delta p_{st}]}{\Delta p_{st}} + \frac{\Delta p_d}{\Delta p_g} \cdot \frac{\Delta p_{st}}{\Delta p_D} \cdot \frac{\Delta[\Delta p_D]}{\Delta p_{st}} \right] \tag{64}$$

Mit Hilfe der Gl. (64) kann man nun ausrechnen, wie groß der mögliche Gesamtfehler bei der Bestimmung der Nutzleistung werden kann. Es dürfte interessant sein, auch hier festzustellen, bis zu welchen Drücken die Instrumente reichen. Zweckmäßig setzt man die gleichen Verhältniszahlen ein wie in Gl. (60).

Diese waren

$$\frac{\Delta p_{st}}{\Delta p_g} = 0{,}8 \;;\; \frac{\Delta p_d}{\Delta p_g} = 0{,}2 \;;\; \frac{\Delta p_{st}}{\Delta p_D} = 1{,}6$$

Diese Zahlen in Gl. (64) eingesetzt ergeben

$$f_n = \pm \left[1{,}12 \frac{\Delta[\Delta p_D]}{\Delta p_{st}} + 0{,}8 \frac{\Delta[\Delta p_{st}]}{\Delta p_{st}} \right] \tag{65}$$

Setzt man auch hier, wenn Δp_D und Δp_{st} mit der gleichen Manometerart gemessen werden, $\Delta[\Delta p_D] = \Delta[\Delta p_{st}] = \Delta[\Delta p]$ so ist

$$f_n = \pm 1{,}92 \frac{\Delta[\Delta p]}{\Delta p_{st}} \tag{66}$$

Gl. (66) liefert nun folgende Resultate:

Tabelle 3

Meßfehler bei Bestimmung der Nutzleistung

	statischer Druck in mm Flüssigkeitssäule		
Instrumente	38,5	192	385
U-Rohr	5 %	1,0 %	0,5 %
Schrägrohrmanometer	2,5 %	0,5 %	0,25 %
Betz-Debro	0,5 %	0,1 %	0,05 %

Die Zahlen der Tabelle 3 sind nun sehr aufschlußreich. Bei einfachen Volumenstrommessungen (Tab. 1) genügen z.B. einfache U-Rohre oberhalb 100 kg/m^2, bei Gesamtdruckmessungen (Tab. 2) erst oberhalb 225 kg/m^2, während für die letztlich entscheidende Nutzleistung einfache U-Rohre erst oberhalb eines Druckes von 385 kg/m^2 verwendet werden dürfen. Ein Betz- oder Debro-Manometer dagegen hat im gleichen Anwendungsfall bereits bei rd. 40 kg/m^2 eine genügende Genauigkeit.

Die Untersuchung zeigt insofern ein überraschendes Ergebnis, als bei der Ermittlung der Nutzleistung eines Ventilators durch Messung von zwei Drücken die zu messenden Drücke etwa 4mal so groß sein müssen als bei einer einfachen Volumenstrommessung, um die gleichen Genauigkeiten zu erreichen.

Die Anschauungen, die bei einer oberflächlichen Betrachtung der Vorgänge naheliegen, daß die Druckmessungen zur Errechnung der Nutzleistung die gleiche Genauigkeit haben müßten wie die sonst gleichen Druckmessungen zur Bestimmung des Volumenstroms eines Ventilators, erweisen sich also als ein verhängnisvoller Irrtum. Gerade dieser Sachverhalt zeigt, wie problematisch die Angaben vieler Wirkungsgrade sind, wie schwierig es ist, die Wirkungsgrade der Ventilatoren genau zu messen, da die Drücke um 100 kg/m^2 herum gerade die Hauptrolle spielen.

Für diese Ventilatoren kann als Merkregel gesagt werden, daß bei Messung solcher Ventilatoren nur Feindruckmanometer (Betz oder Debro) verwendet werden sollten, während U-Rohre unbrauchbar sind.

Fehler bei der Bestimmung der Wellenleistung

1. Mechanische Leistungsmessung mit Pendelmotor

Die Wellenleistung ist nach Gl. (24)

$$L_w = k' \cdot n \cdot G^x.$$

Die Hebelarmlänge des Pendelmotors ist in dem Faktor k' enthalten. Sie kann sehr genau bestimmt werden. Es bleiben dann die Meßwerte n und G übrig. Die Drehzahl n kann mit Hilfe eines Stichdrehzählers, z.B. System Hasler, verhältnismäßig gut bei einer Toleranz von $\pm 5\ \text{min}^{-1}$ gemessen werden. Man muß nur auf gute Kupplung zwischen Stichdrehzähler und Wellenstumpfende achten.

Öl im Wellenstumpfkörner setzt die Meßgenauigkeit unter Umständen empfindlich herab. Die Rückstellkraft G^x des Pendelmotors kann man relativ einfach mit einer Tachoschnellwaage messen.

Der größtmögliche Fehler bei der Bestimmung der Wellenleistung errechnet sich zu

$$f_w = \frac{\Delta L_w}{L_w} = \frac{\frac{\partial L_w}{\partial G^x} \cdot \Delta G^x + \frac{\partial L_w}{\partial n} \Delta n}{k' \cdot G^x \cdot n} = \frac{k' n \Delta G^x + k' \cdot G^x \cdot \Delta n}{k' \cdot G^x \cdot n}$$

$$f_w = \pm \left(\frac{\Delta G^x}{G^x} + \frac{\Delta n}{n} \right) \tag{67}$$

In Gl. (67) sind ΔG^x und Δn die Abweichungen der Ablesewerte von den Ist-Werten.

2. Elektrische Leistungsmessung

Bei der elektrischen Leistungsmessung sind zahlreiche Einzelmessungen erforderlich, noch mehr Geräte sind zu beobachten und abzulesen und Zwischenrechnungen sind durchzuführen, grundsätzlich sind also mehr Fehlerquellen vorhanden, als bei der mechanischen Leistungsmessung. Diese Tatsache schließt aber nicht aus, daß bei einigermaßen sorgfältig durchgeführter Messung einwandfreie und genügend genaue Resultate erzielt werden.

Zweckmäßigerweise wird man sich bereits vor der Auswertung der Messung davon überzeugen, daß kein grundsätzlicher Fehler unterlaufen ist und daß die einzusetzenden Instrumentenbeiwerte stimmen. Man wünscht gewissermaßen einen Aufschluß über die Qualität der jeweils durchgeführten Messung.

Diese Kontrolle kann nun dadurch geschehen, daß die Ergebnisse des nach zwei voneinander unabhängigen Formeln berechneten Leistungsfaktors miteinander verglichen werden.

Aus Leistungsaufnahme, Strom und Spannung findet man

a) $$\cos \varphi = \frac{N_A}{U I \sqrt{3}} \qquad (68)$$

und aus dem Verhältnis der Wattmeterausschläge zueinander berechnet sich

b) $$\cos \varphi = \sqrt{\frac{1}{3\left(\frac{\alpha_1/\alpha_2 - 1}{\alpha_1/\alpha_2 + 2}\right)^2 + 1}} \qquad (69)$$

Die aus vorstehenden Gleichungen erhaltenen Werte für $\cos \varphi$ sollen nicht mehr als 2 % voneinander abweichen, um die ermittelten Werte als richtig und einwandfrei ansehen zu können.

Die Bestimmung von $\cos \varphi$ nach Gl. (69) kann mit genügender Genauigkeit auch erfolgen, wenn der $\cos \varphi$ in Abhängigkeit von α_1/α_2 aus einem Diagramm entnommen wird[8].

III. Schlußbemerkungen

Mit der vorliegenden Arbeit wurde der Versuch unternommen, die bei Messungen von Ventilatoren auftretenden Probleme zu beschreiben und die möglichen Fehler zu erfassen.

Nur über die Begriffe Gesamtdruckhöhe bzw. die hiervon abhängige Nutzleistung scheinen noch große Meinungsverschiedenheiten zu bestehen; insbesondere geht es darum, ob man bei frei ausblasenden Ventilatoren den dynamischen Druck im Austritt dem Ventilator zur Last legen soll oder nicht.

---

8. HÜTTE IVA, Elektrotechn. 28.Aufl.Berlin 1957.W.Ernst & Sohn, S. 57

Bei der Wirkungsgradbestimmung sollte man in jedem Falle den dynamischen Druck im Austritt berücksichtigen, um so eine Zweideutigkeit des Begriffes Gesamtwirkungsgrad zu vermeiden.

Darüber hinaus läßt sich aber die Wirkungsweise eines Ventilators durch geeignete Maßnahmen, insbesondere durch Verwendung eines Diffusors beeinflussen. Nur sollte man in diesem Zusammenhang nicht mehr von einem Wirkungsgrad sprechen; dieser bleibt bei gegebenem Laufrad und Spiralgehäuse bzw. Leitapparat konstant. Die Art, wie der Ventilator zur Wirkung kommt, läßt sich durch den Begriff Gütegrad erfassen. Dieser läßt sich als Produkt von Gesamtwirkungsgrad η und Reaktionsgrad $\Delta p_{g1}/\Delta p_g$ bzw. $\Delta p_{st2}/\Delta p_g$ (s. Gl. (22)) finden. Der Gütegrad für frei ausblasende Ventilatoren wäre demnach gleich $\eta \cdot \Delta p_{g1}/\Delta p_g$ bzw. für frei ansaugende Ventilatoren: $\eta \cdot \Delta p_{st2}/\Delta p_g$.

Ing. Leonhard BOMMES

FORSCHUNGSBERICHTE DES WIRTSCHAFTS- UND VERKEHRSMINISTERIUMS NORDRHEIN-WESTFALEN

Herausgegeben von Staatssekretär Prof. Dr. h. c. Dr. E. h. Leo Brandt

ELEKTROTECHNIK · FEINMECHANIK · OPTIK

HEFT 1
Prof. Dr.-Ing. E. Flegler, Aachen
Untersuchungen oxydischer Ferromagnet-Werkstoffe
1952, 20 Seiten, DM 6,75

HEFT 12
Elektrowärme-Institut, Langenberg (Rhld.)
Induktive Erwärmung mit Netzfrequenz
1952, 22 Seiten, 6 Abb., DM 5,20

HEFT 23
Institut für Starkstromtechnik, Aachen
Rechnerische und experimentelle Untersuchungen zur Kenntnis der Metadyne als Umformer von konstanter Spannung auf konstanten Strom
1953, 52 Seiten, 21 Abb., 4 Tafeln, DM 9,75

HEFT 24
Institut für Starkstromtechnik, Aachen
Vergleich verschiedener Generator-Metadyne-Schaltungen in bezug auf statisches Verhalten
1952, 44 Seiten, 23 Abb., DM 8,50

HEFT 44
Arbeitsgemeinschaft für praktische Dehnungsmessung, Düsseldorf
Eigenschaften und Anwendungen von Dehnungsmeßstreifen
1953, 68 Seiten, 43 Abb., 2 Tabellen, DM 13,70

HEFT 62
Prof. Dr. W. Franz, Institut für theoretische Physik der Universität Münster
Berechnung des elektrischen Durchschlags durch feste und flüssige Isolatoren 1954, 36 Seiten, DM 7,—

HEFT 77
Meteor Apparatebau Paul Schmeck GmbH., Siegen
Entwicklung von Leuchtstoffröhren hoher Leistung
1954, 46 Seiten, 12 Abb., 2 Tabellen, DM 9,15

HEFT 100
Prof. Dr.-Ing. H. Opitz, Aachen
Untersuchungen von elektrischen Antrieben, Steuerungen und Regelungen an Werkzeugmaschinen
1955, 166 Seiten, 71 Abb., 3 Tabellen, DM 31,30

HEFT 156
Prof. Dr.-Ing. habil. B. v. Borries, Dr. rer. nat. Dipl.-Chem. I. Johann, Ing. J. Huppertz, Dipl.-Phys. G. Langner, Dr. rer. nat. Dipl.-Phys. F. Lenz und Dipl.-Phys. W. Scheffels, Düsseldorf
Die Entwicklung regelbarer permanentmagnetischer Elektronenlinsen hoher Brechkraft und eines mit ihnen ausgerüsteten Elektronenmikroskopes neuer Bauart 1956, 102 Seiten, 52 Abb., DM 22,55

HEFT 179
Dipl.-Ing. H. F. Reineke, Bochum
Entwicklungsarbeiten auf dem Gebiete der Meß- und Regeltechnik
1955, 46 Seiten, 10 Abb., DM 10,—

HEFT 181
Prof. Dr. W. Franz, Münster
Theorie der elektrischen Leitvorgänge in Halbleitern und isolierenden Festkörpern bei hohen elektrischen Feldern
1955, 28 Seiten, 2 Abb., 1 Tabelle, DM 6,20

HEFT 208
Prof. Dr.-Ing. H. Müller, Essen
Untersuchung von Elektrowärmegeräten für Laienbedienung hinsichtlich Sicherheit und Gebrauchsfähigkeit. I. Untersuchungen an Kochplatten
1956, 100 Seiten, 76 Abb., 7 Tabellen, DM 22,70

HEFT 213
Dipl.-Ing. K. F. Rittinghaus, Aachen
Zusammenstellung eines Meßwagens für Bau- und Raumakustik
1957, 96 Seiten, 17 Abb., 7 Tabellen, DM 19,80

HEFT 216
Dr. E. Kloth, Köln
Untersuchungen über die Ausbreitung kurzer Schallimpulse bei der Materialprüfung mit Ultraschall
1956, 90 Seiten, 60 Abb., 4 Tabellen, DM 19,40

HEFT 265
Prof. Dr. F. Micheel und Dr. R. Engel, Münster
Eine Apparatur zur elektrophoretischen Trennung von Stoffgemischen
1956, 38 Seiten, 21 Abb., DM 9,20

HEFT 276
Fa. E. Haage, Mülheim (Ruhr)
Entwicklungsarbeiten im Apparatebau für Laboratorien
1956, 48 Seiten, 18 Abb., DM 10,50

HEFT 309
Prof. Dr. K. Cruse, Dipl.-Phys. B. Ricke und Dipl.-Phys. R. Huber, Clausthal-Zellerfeld
Aufbau und Arbeitsweise eines universell verwendbaren Hochfrequenz-Titrationsgerätes
1957, 48 Seiten, 29 Abb., DM 11,90

HEFT 331
Dipl.-Ing. G. Bretschneider, Ruit
Die Messung der wiederkehrenden Spannung mit Hilfe des Netzmodelles
1957, 46 Seiten, 21 Abb., 2 Tabellen, DM 11,20

HEFT 310
Dipl.-Ing. P. F. Müller, Bonn
Die Integrieranlage des Rheinisch-Westfälischen Instituts für Instrumentelle Mathematik in Bonn
1956, 62 Seiten, 6 Abb., 31 Schaltskizzen, DM 14,45

HEFT 341
Prof. Dr.-Ing. H. Winterhager und Dipl.-Ing. L. Werner, Aachen
Präzisions-Meßverfahren zur Bestimmung des elektrischen Leitvermögens geschmolzener Salze
1956, 44 Seiten, 19 Abb., 1 Tabelle, DM 10,60

HEFT 403
Prof. Dr.-Ing. P. Denzel und Dipl.-Ing. W. Cremer, Aachen
Verbesserung der Benutzungsdauer der Höchstlast in ländlichen Netzen durch Anwendung elektrischer Geräte in der Landwirtschaft
1957, 46 Seiten, 23 Abb., DM 12,10

HEFT 438
Prof. Dr.-Ing. H. Winterhager und Dipl.-Ing. L. Werner, Aachen
Bestimmung des elektrischen Leitvermögens geschmolzener Fluoride
1957, 52 Seiten, 18 Abb., 10 Tabellen, DM 11,90

HEFT 440
Dr.-Ing. H. Wolf, Aachen
Gekoppelte Hochfrequenzleitungen als Richtkoppler
1958, 108 Seiten, 44 Abb., DM 31,60

HEFT 513
Prof. Dr. W. L. Schmitz und Dr. rer. F. Schmitt, Bonn
Die Verwendung des Magnetbandgerätes zur Speicherung des Kurvenverlaufs elektrischer Ströme
1958, 56 Seiten, 35 Abb., DM 17,65

HEFT 520
Prof. Dr.-Ing. H. Opitz, Dipl.-Ing. H. Obrig und Dipl.-Ing. P. Kips, Aachen
Untersuchung neuartiger elektrischer Bearbeitungsverfahren
1958, 44 Seiten, 35 Abb., 2 Tabellen, DM 14,70

HEFT 522
Dr.-Ing. J. Lorentz, Bonn und Dr.-Ing. K. Brocks, Mülheim (Ruhr)
Elektrische Meßverfahren in der Geodäsie
1958, 108 Seiten, 49 Abb., 5 Tabellen, DM 28,—

HEFT 523
Dr.-Ing. K. Eberts, Duisburg
Entwicklungen einiger Meßverfahren und einer Frequenz- und amplitudenstabilisierten Meßeinrichtung zur gleichzeitigen Bestimmung der komplexen Dielektrizitäts- und Permeabilitätskonstante von festen und flüssigen Materialien im rechteckigen Hohlleiter und im freien Raum bei Frequenzen von 9200 und 33000 MHz
1958, 122 Seiten, 37 Abb., DM 30,20

HEFT 535
Dr.-Ing. J. Lennertz, Köln
Einfluß des Ausbaugrades und Benutzungsgrades nachrichtentechnischer Einrichtungen auf die Gesamtwirtschaft
in Vorbereitung

HEFT 550
Dr. H. Stephan, Bonn
Elektrisches Standhöhenmeßgerät für Flüssigkeiten
1958, 26 Seiten, 13 Abb., 2 Tabellen, DM 10,10

HEFT 572
Dipl.-Kfm. Dipl.-Volkswirt J.-B. Felten, Köln
Wert und Bewertung ganzer Unternehmungen unter besonderer Berücksichtigung der Energiewirtschaft
in Vorbereitung

HEFT 554
Prof. Dr.-Ing. H. Müller, Essen
Untersuchung von Elektrowärmegeräten für Laienbedienung hinsichtlich Sicherheit und Gebrauchsfähigkeit — Teil II: Temperaturen an und in schmiegsamen Elektrogeräten
1958, 56 Seiten, 18 Abb., 22 Tabellen, DM 16,70

HEFT 596
Dipl.-Ing. K.-E. Hardieck, Aachen
Theoretische und experimentelle Untersuchungen der stationären Vorgänge in magnetischen Verstärkern
in Vorbereitung

HEFT 605
Ing. J. Bommes, M.-Gladbach
Bestimmung von Leistung und Wirkungsgrad eines Ventilators

HEFT 615
Prof. Dr. W. Weizel und D. H. Whang, Institut für theoretische Physik der Universität Bonn
Stromverteilung auf der Kathode einer Glimmentladung in Spalten bei hohen Drucken und abseits stehender Anode
in Vorbereitung

HEFT 616
Prof. Dr. W. Weizel und Dr. W. Ohlendorf, Bonn
Die Glimmentladung in spaltartigen Entladungsräumen
in Vorbereitung

HEFT 622
Prof. Dr. W. Franz, Münster
Theorie der Elektronenbeweglichkeit in Halbleitern
in Vorbereitung

HEFT 642
Prof. Dr.-Ing. H. Müller und Dr.-Ing. H.-J. Eckhardt, Elektrowärme-Institut, Essen und Langenberg
Die dielektrische Trocknung bei erniedrigtem Luftdruck mit Beiträgen zum physikalischen Verhalten der Mischkörper
in Vorbereitung

MIX
Papier aus verantwortungsvollen Quellen
Paper from responsible sources
FSC® C105338

If you have any concerns about our products,
you can contact us on
ProductSafety@springernature.com

In case Publisher is established outside the EU,
the EU authorized representative is:
**Springer Nature Customer Service Center GmbH
Europaplatz 3, 69115 Heidelberg, Germany**

Printed by Libri Plureos GmbH
in Hamburg, Germany